# NOTICE

SUR LES

# PLANTES VÉNÉNEUSES

MONTMÉDY

IMPRIMERIE DE PH. PIERROT-CAUMONT

# NOTICE

## SUR LES

# PLANTES VÉNÉNEUSES

## DANGEREUSES OU SUSPECTES

### DE L'ARRONDISSEMENT

# DE MONTMÉDY

## Par Ph. PIERROT

*Membre de la Société pour l'Instruction élémentaire*

---

DEUXIÈME TIRAGE

---

MONTMÉDY

CHEZ L'AUTEUR ET CHEZ LES LIBRAIRES DE L'ARRONDISSEMENT

# AVANT-PROPOS

Le petit travail que nous présentons ici n'était pas destiné aux honneurs du livre. Inspiré par de fatales circonstances d'actualité que nous rappelions dans notre entrée en matière et écrit au jour le jour, *currente calamo*, pour être inséré par fragments au *Journal de l'arrondissement de Montmédy*, il ne devait avoir, selon notre pensée, d'autre durée que celle des feuilles éphémères dans lesquelles il se produisait.

Il n'en a pas été ainsi. Quelques exemplaires tirés à part et réunis en brochure pour être envoyés à titre d'hommages à quelques notabilités de ce pays et à nos confrères de la presse départementale, ont valu à notre humble compilation des rapports infiniment trop favorables publiés spontanément par les journaux l'*Étendart* et la *France*, de Paris, l'*Écho de l'Est* et le *Bulletin académique*, de Bar-le-Duc, et la *Meuse* de Saint-Mihiel. De plus, une analyse critique en doit paraître incessamment au *Journal d'enseignement populaire*, *bulletin de la Société pour l'Instruction élémentaire*.

A la suite d'une publicité aussi étendue, publicité que nous attribuons bien plus à la bienveillance de nos honorables confrères qu'au mérite intrinsèque de notre œuvre, de nombreuses demandes de notre petit livre nous sont parvenues. En outre, de précieux encouragements nous étant venus de haut lieu (*), nous avons cru devoir rééditer notre travail. Mais en substituant la forme du livre à celle d'articles fugitifs de journal, c'est-à-dire en donnant de la fixité et de la consistance à des pages qui, suivant nous, devaient disparaître avec les circonstances qui les avaient fait naître, nous avons compris qu'il fallait rendre notre travail plus digne de fixer l'attention des lecteurs et qu'il était de notre devoir de le compléter en y comprenant quelques noms que la précipitation avec laquelle il avait été élaboré primitivement avait laissé échapper à notre mémoire, en élaguant ou en atténuant des détails inexacts ou oiseux, etc., etc., en un mot en le refondant entièrement.

En raison de notre incompétence en matière médicale, nous ne pouvions traiter cette partie de notre

---

(*) M. Chadenet père, préfet honoraire et député de la Meuse a bien voulu nous écrire une lettre de félicitations. M. Henri Chadenet, maître des requêtes au Conseil d'État, nous a fait le même honneur et c'est à sa sympathique bienveillance pour tout ce qui touche de près ou de loin au pays montmédien que nous devons les obligeantes mentions faites à l'*Étendart* et à la *France*.

brochure qu'à l'aide de recherches faites dans des ouvrages dont plusieurs ont déjà vieilli ; ce qui nous plaçait souvent en face de contradictions qu'il nous était à peu près impossible de résoudre, n'ayant pas qualité pour le faire. Entre les affirmations d'un auteur et les négations d'un autre, notre attitude ne pouvait être qu'embarrassante. Pour couper court à ces fâcheuses incertitudes, notre premier soin devait être de nous assurer le concours d'hommes de l'art. Un de nos amis (*), praticien exercé, a bien voulu, sur notre prière, se charger de la révision des notions pharmaceutiques et il l'a fait avec toute l'attention et la science possibles. Aussi, grâce à ce contrôle aussi obligeant qu'autorisé, pouvons-nous désormais affronter le feu de la publicité sans crainte d'être pris en flagrant délit d'hérésie médicale.

Notre but essentiel étant de vulgariser l'étude et la connaissance des plantes dangereuses, nous aurions vivement désiré pouvoir bannir de cet opuscule toutes les expressions techniques. Mais c'était là un écueil impossible à éviter sous peine de ne pouvoir souvent désigner les espèces décrites par leur véritable nom. Pour parer autant qu'il dépendait de nous à cette inévitable difficulté, nous avons ajouté à notre catalogue un petit vocabulaire des principaux

(*) M. le Docteur Hacherelle, de Montmédy.

termes employés à l'usage des personnes peu fa-
miliarisées avec les qualifications médicinales. Nous
y aurions volontiers adjoint une nomenclature
des expressions usitées en herborisation, n'eût été
la crainte de paraître sortir des limites de notre sujet
et de nous laisser entraîner trop loin. Le langage
botanique étant aussi riche que varié, un tel appen-
dice aurait étendu démesurément et sans utilité les
proportions de cet ouvrage.

Pour les mêmes causes, nous avons dû nous con-
tenter dans la description des familles et des espèces
de l'indication des caractères principaux et des apparences les plus saillantes, évitant de donner, ainsi
que cela a lieu dans les recueils spéciaux connus
sous le nom de Flores, de longues descriptions scien-
tifiques qui eussent été à peu près inintelligibles pour
toute personne peu versée dans l'étude de la botanique.

Pour essayer de nous faire mieux comprendre,
nous nous sommes attaché d'une manière particulière à désigner les plantes signalées comme malfaisantes sous leurs noms vulgaires, autant que possible.
Néanmoins, sous ce rapport, surgissait un double
inconvénient. C'est, d'une part, pour certains genres,
la diversité des appellations locales qui variant d'un
village à l'autre, peut produire de regrettables con-

fusions ; pour d'autres, au contraire, il y a absence complète de désignations populaires. Devant cette dernière difficulté, nous serions resté entièrement désarmé, si nous n'avions su que dans la plupart de ces cas, le nom scientifique lui-même est devenu banal et que dès lors nous avons toutes chances d'être compris quand même. Citons comme exemples : le *Chèvrefeuille,* le *Muguet,* les *Euphorbes,* la *Belladone,* la *Jusquiame,* etc., etc.

Quelques espèces, en petit nombre, fort heureusement, font tout-à-fait exception à ces règles et sont conséquemment moins connues. De ce nombre sont la *Coronille,* les *Berles,* les *Œnanthes,* quelques *Morelles.* Pour celles-ci, nous nous sommes astreints à donner une description plus complète et plus détaillée.

Si l'étude de la botanique, comme science, est peu répandue en nos parages, par contre, la connaissance des plantes médicinales y est bien plus fréquente qu'on ne le croit généralement. A la campagne où la majorité des habitants passent la plus grande partie de la belle saison aux prés, aux champs ou dans les vignes, les propriétés des simples sont à peu près familières à tous et dans nos nombreuses explorations par monts et par vaux, nous avons été souvent agréablement surpris des renseignements précieux que nous tirions de gens rencontrés par hasard et chez lesquels nous étions loin de soupçonner, à première vue, des tendances botanophiles. Les personnes qu'en semblables occurrences, nous avons toujours consultées avec le plus de fruit, sont les gardes forestiers, que leurs longues courses à travers le silence et la solitude des bois a rendus forcément attentifs aux moindres circonstances de la végétation, et les bergers, que leur existence relativement oisive au sein des plaines, des vallées et surtout des coteaux incultes, pendant presque toute l'année, a familiarisés avec tous les secrets de la vie des plantes. De là, sans doute, autrefois, le renom de sorciers qui semblait dévolu à tous les individus appartenant à cette caste. De là, assurément, de nos jours, l'emploi presque exclusif fait d'eux, par les pharmaciens et droguistes pour la récolte des espèces officinales.

Quelques personnes nous avaient conseillé de traiter notre sujet d'une manière plus générale que nous ne l'avons fait, en supprimant les indications des stations favorites des plantes rares et autres citations de ce genre qui paraissent restreindre la portée de notre recueil aux limites géographiques de l'arrondissement de Montmédy. Malgré tout ce qu'avait de spécieux cette opinion, malgré la corroboration qu'ont paru lui prêter les termes flatteurs des mentions qu'ont bien voulu faire de nous d'éminents organes de la presse parisienne, malgré l'appoint précieux que lui ont procuré les quelques demandes qui nous sont parvenues du loin, nous n'avons pas cru, pour différentes raisons, devoir déférer à cette inspiration, quelle qu'eût été, d'ailleurs, la bienveillance de ceux qui nous l'avaient suggérée. En effet, ces éliminations eussent enlevé à notre notice son caractère d'intérêt local qui, à nos yeux, constitue son unique mérite. Sans ces citations, que serait-elle autre chose qu'une compilation dont il était permis au premier venu de pouvoir colliger les matériaux ? De plus, n'existe-t-il pas une foule de traités complets sur les plantes dont le nôtre n'eût été ainsi qu'un pâle et insuffisant reflet ? Il ne pouvait non plus entrer dans notre esprit de publier un ouvrage plus étendu que celui-ci et pour lequel d'ailleurs nous n'avons pas la compétence requise, sous peine d'entendre retentir à nos oreilles le *ne sutor ultra crepidam*. C'eût été aussi perdre entièrement de vue les causes premières qui nous ont mis la plume en main et renier l'origine de ce travail, savoir sa publication comme question d'actualité au *Journal de l'arrondissement de Montmédy*, et nous sommes attaché trop directement à cette feuille et à sa prospérité pour lui faire l'injure d'oublier ici que c'est à sa publicité que notre brochure est redevable, en principe, du peu de popularité qu'elle a eue.

En dehors de nos études et de nos explorations personnelles, nous nous sommes aidé surtout, pour nos recherches, des ouvrages spéciaux connus sous les noms de *Flore luxembourgeoise, par Tinant*, de *Flore de la Moselle, par Holandre*, de *Flore de la Meuse, par Doisy*, de *Flore de la Lorraine, par Godron*. Après avoir longuement compulsé ces excellents recueils, nous avons la certitude qu'ils ne renferment pas d'espèces nuisibles autres que celles mentionnées ici ; aussi, nous croyons-nous autorisé à dire, qu'à part les citations des localités, notre catalogue, malgré son titre restreint, peut avoir dans tout le département de la Meuse, dans ceux de la Moselle, des Ardennes, etc., et dans le Luxembourg belge, les mêmes applications pratiques que dans les environs de Montmédy, qu'en un mot il peut être employé dans tout le nord-est de la France et dans les régions voisines de la Belgique et du Grand duché de Luxembourg.

Nous nous permettons de recommander d'une manière spéciale ce petit livre aux instituteurs de ce pays que le *Journal de l'arrondissement de Montmédy* a l'honneur de compter presque tous au nombre de ses lecteurs et que leur position et leurs connaissances appellent tout particulièrement à enseigner

aux jeunes générations les moyens de discerner les
plantes dangereuses et nuisibles de celles qui sont
utiles ou de celles qui ne sont tout bonnement ni
malfaisantes, ni bienfaisantes.

PH. PIERROT.

*Mai* 1868.

# INTRODUCTION

DE LA PREMIÈRE ÉDITION (*)

*A la suite des trop nombreux cas d'intoxication par la belladone et autres plantes nuisibles que la presse a à enregistrer chaque jour et dont, cette année surtout, nous avons eu à déplorer de tristes exemples dans nos parages, nous avions promis d'établir la nomenclature et l'habitat des végétaux dangereux propres à ce pays. Plusieurs personnes nous ayant rappelé cet engagement, nous croyons devoir le remplir sans tarder davantage. Bien que la saison pendant laquelle ces sortes d'accidents se produisent habituellement soit passée, nous profitons de préférence, pour dresser cet état, de l'époque présente. Si le petit travail auquel nous nous livrons ici paraît un peu manquer d'actualité aux approches de l'hiver, c'est-à-dire en un moment où toute végétation a cessé et où par conséquent tout danger a disparu, ce léger inconvénient nous semble compensé et au-delà par l'opportunité de présenter ces simples*

---

(*) Certains passages de cette introduction semblent n'avoir plus aucune raison d'être, à la suite de l'avant-propos qui précède et après la détermination prise de publier ce travail sous forme de livre. Néanmoins, nous avons tenu à les reproduire textuellement, à titre de souvenir de la pensée première qui a présidé à la naissance de cette notice.

notions en une saison où, par suite de l'entier achè-
vement des travaux champêtres, le JOURNAL DE L'AR-
RONDISSEMENT DE MONTMÉDY compte le plus de lecteurs.
En effet, si nous parlons ici pour tous ceux qui nous
font l'honneur de nous lire, notre but est surtout de
nous adresser aux habitants de nos campagnes, dont
la vie laborieuse se passe en contact perpétuel avec la
nature et qui, en raison même de leurs occupations
journalières, sont appelés pendant toute la belle
saison à vivre dans les prairies, dans les plaines ou
dans le voisinage des forêts.

C'est ici surtout qu'il faut prémunir les enfants
contre les tentations que leur offrent trop souvent
des fruits d'aspect attrayant, mais recélant dans
leurs flancs tout un arsenal de principes vénéneux.
En effet, si nos bois sont la patrie des NOISETTES,
des MERISES OU CERISES DE BOIS, des FRAISES, des
CORNOUILLES, des FRAMBOISES, des fruits d'alisier
appelés ALOSSES OU HARLOSSES et, en certaines régions
de notre arrondissement, des AMBRES OU MYRTILLES
OU BRIMBELLES, ils sont également celle de la BELLA-
DONE, de la PARISETTE A QUATRE FEUILLES, de l'ACTÉA
EN ÉPI, etc.

En règle générale, toutes les plantes à baies rouges,
noires, bleuâtres, sont ou tout-à-fait bonnes, ou
tout-à-fait mauvaises. Pas de transition entre les
espèces alibiles et celles à fruits dangereux. Du reste,
le mieux que l'on puisse faire, en cas de doute, est
d'appliquer le principe que

De tout inconnu le sage se défie

ou sa variante :

Dans le doute abstiens-toi.

Les quelques indications générales qui vont suivre

ont été puisées chez les différents botanistes autorisés dont nous avons lu et étudié les ouvrages. Quant aux désignations des localités où les plantes suspectes se rencontrent de préférence dans nos environs, elles sont le résultat de longues et patientes recherches personnelles et auxquelles nous nous adonnons avec plaisir depuis plus de quinze ans. Elles sont extraites d'un travail plus considérable que nous livrerons plus tard à la publicité si Dieu nous prête force et vie.

En attendant, nous offrons au public les simples notions suivantes, trop heureux si nous réussissons à les rendre accessibles à tous et surtout si nous contribuons à éviter le retour de ces accidents qui viennent si souvent jeter le deuil et la désolation dans les familles.

Novembre 1867.

# NOTIONS PRÉLIMINAIRES

Nous n'apprendrons pas sans doute chose nouvelle
à nos lecteurs en leur disant que, pour se recon-
naître dans le dédale des milliers de plantes qui
couvrent et ornent la surface de la terre, les natura-
listes ont dû en botanique, comme dans les autres
branches de l'histoire naturelle, créer une classification et établir des divisions qui pussent embrasser
tous les végétaux sans exception, depuis le cèdre
altier jusqu'à l'humble hysope, du plus petit brin
d'herbe au plus robuste chêne. La nature elle-même,
par un de ces actes de prévoyance suprême auxquels
nous ont accoutumés les voies mystérieuses de la
Providence, a considérablement facilité cette tâche
en donnant aux plantes des points d'analogie plus
ou moins nombreux, plus ou moins complets. Partant de ces similitudes qui font du règne végétal une
immense chaîne dont tous les anneaux sont admira-
blement soudés entre eux, de savants botanistes en
tête desquels marchent glorieusement les *Tournefort*.
les *Linné*, les *Jussieu*, les *De Candolle*, sont parve-
nus à grouper les individus en ESPÈCES, en GENRES,
en TRIBUS, en ORDRES OU FAMILLES et en CLASSES.

Nous n'entreprendrons point ici d'expliquer les
différents systèmes ou méthodes auxquels les noms
de ces illustres pionniers de la science sont restés
attachés. Ce serait sortir des cadres de ce travail et
du but que nous nous sommes proposé. Il nous suffi-
ra de rappeler que tous les traités de botanique,

même les plus élémentaires, contiennent à ce sujet toutes les indications nécessaires auxquelles nous renvoyons ceux de nos lecteurs qui seraient restés étrangers jusqu'ici à cette étude.

Cependant, comme dans notre énumération des plantes dangereuses, nous avons adopté la méthode dite de *Jussieu, perfectionnée par De Candolle*, qui est sinon la plus facile à appliquer, du moins la plus naturelle, nous croyons devoir essayer de donner une idée succincte des principes sur lesquels elle repose en nous servant de points de comparaison que nous croyons à la portée de tous.

Nous prendrons pour exemple, l'un des végétaux les plus communs et les plus usuels, savoir le *Trèfle*.

Tout le monde sait qu'il y a différentes sortes de trèfles. On connaît le *Trèfle des prés ou commun*, le *Trèfle blanc ou rampant*, le *Trèfle hybride*, le *Trèfle incarnat*, qui sont, le premier surtout, cultivés en prairies artificielles; outre ceux-ci, il en existe d'autres encore, et pour ne parler que des espèces indigènes, recueillies en ce pays, dont nous avons des échantillons dans notre herbier, nous citerons le *Trèfle rougeâtre*, le *Trèfle pied de lièvre*, le *Trèfle strié*, le *Trèfle jaunâtre*, le *Trèfle intermédiaire*, le *Trèfle de montagne*, le *Trèfle fraisier*, le *Trèfle doré*, le *Trèfle tombant*, le *Trèfle champêtre* et enfin le *Trèfle filiforme*. Bien que différant les unes des autres sous le rapport de la hauteur, du port, du feuillage, de la coloration des fleurs, de l'époque de leur épanouissement, toutes ces plantes n'en offrent pas moins aux yeux même des plus inexpérimentés des ressemblances évidentes dont les principales sont la disposition des fleurs en têtes globuleuses, leur forme, le nombre invariable d'étamines et de pistils, la division de la feuille en trois folioles placées en croix, etc., etc.

Pour ces raisons on a réuni toutes ces diverses espèces sous le nom générique de Trèfle, sauf à ajouter à chacune d'elles une épithète spécifique qui sert à les distinguer les unes des autres.

Ce qui a lieu pour le trèfle s'étend à tous les autres représentants du règne végétal ; de là une première division en *genres*.

Si, maintenant, pour nous en tenir toujours à ce premier exemple, on compare les trèfles aux différentes espèces de *Luzernes*, de *Vesces*, de *Mélilots*, de *Haricots*, de *Pois*, de *Genêts*, de *Sainfoin*, de *Fèves*, de *Gesses*, etc., on reconnaîtra encore que toutes ont des caractères communs, savoir : une corolle composée d'ailes et de pétales disposées en forme de carène, etc.

Après avoir groupé ainsi toutes les plantes analogues, on en a formé une famille qui a reçu le nom de *Légumineuses*, en raison des nombreux spécimens de cette famille que nous cultivons dans nos potagers ou de *Papilionacées*, à cause de la forme des fleurs qui rappellent jusqu'à un certain point l'aspect d'un papillon au repos, les ailes étendues.

Cette méthode ayant été étendue à tout le règne végétal, on en est arrivé à posséder une classification complète en *familles*, subdivisées parfois elles-mêmes en *tribus*.

De ces familles, les unes sont très-nombreuses, d'autres le sont plus ou moins, quelques-unes même ne se composent que d'une ou deux espèces. Citons au hasard parmi les plus nombreuses comme les plus naturelles, les Légumineuses, dont nous venons de parler ;

Les Renonculacées, renfermant des plantes à fleurs assez grandes composées de plusieurs pétales ; les plus connues sont les *Clématites*, les *Renoncules*, les *Anémones*, les *Pieds d'alouette*, les *Pivoines*, etc. ;

Les Crucifères, dont font partie toutes les plantes à siliques, les *Giroflées*, le *Cresson*, le *Chou*, la *Navette*, le *Colza*, la *Moutarde*, le *Raifort*, la *Cameline*, le *Radis*, etc. ;

Les Dianthées ou Caryophyllées qui embrassent les *Œillets*, les *Saponaires*, les *Spargoutes*, etc. ;

Les Rosacées, l'une des plus nombreuses et des plus utiles familles, dont la *Rose* ou *Eglantine* offre le type principal et qui comptent pour représentants les *Cerisiers*, les *Pruniers*, les *Pommiers*, les *Poiriers*, les *Rosiers*, les *Ronces*, les *Sorbiers*, le *Pêcher*, l'*Abricotier*, l'*Amandier*, le *Framboisier*, le *Fraisier* ;

Les Ombellifères, toutes terminées par des fleurs généralement de couleur blanche et réunies en ombelle ou en forme de parasol ; tels sont le *Persil*, le *Cerfeuil*, les *Ciguës*, l'*Angélique*, le *Panais*, l'*Anis*, la *Carotte*, la *Coriandre* et une foule d'autres moins répandues ;

Les Etoilées, à fleurs en étoiles, desquelles font partie le *Caille-lait*, la *Garance*, la *Reine des bois* ;

Les Composées ou Synanthérées, famille excessivement nombreuse, composées de plantes bien différentes d'aspect, mais ayant toutes un caractère commun, qui les fait distinguer facilement entre tous les autres sujets du règne végétal, savoir la réunion sur un réceptacle commun de fleurons ou petites fleurs soudées à leur base, circonstance qui lui a valu son nom de *Composées*. Cette grande division, sectionnée elle-même en plusieurs subdivisions, Corymbifères, Cynarocéphales, Chicoracées, com-

prend entre autres variétés communes et connues:
les *Pas d'âne*, les *Asters*, les *Chrysanthèmes* ou
*Grandes Marguerites*, les *Paquerettes* ou *Petites
Marguerites*, le *Topinambour* et le *Grand Soleil des
jardins*, espèces du genre *Hélianthe*; l'*Absinthe* et
l'*Estragon*, espèces du genre *Armoise;* les *Séneçons*,
l'importune tribu des *Chardons* avec toute leur
parenté, *Cirses*, *Carline*, *Onopordons* et *Bardanes*,
les *Laitues*, les *Chicorées*, les *Pissenlits*, les *Scorso-
nères*, les *Salsifix*, l'*Artichaut*, etc. ;

Les Borraginées, plantes à feuillage généralement
plus ou moins rude et souvent hérissé de poils,
comme la *Bourrache*, les *Myosotis*, la *Consoude*, la
*Vipérine*, etc.;

Les Solanées dont dépendent la *Tomate*, la *Pomme
de terre*, la *Belladone*, le *Tabac*;

Les Antirrhinées ou Personnées, reconnaissables
à l'aspect de leurs fleurs qui simulent de près ou de
loin un masque antique ou figure grotesque; tels
sont la *Gueule de lion*, les *Linaires*, les *Scrophulaires*,
les *Digitales* ;

Les Labiées ainsi nommées de la forme de leurs
fleurs qui paraissent munies de lèvres et qui comptent
une foule d'espèces aromatiques la plupart officinales,
dont entre autres la *Lavande*, les *Menthes*, les *Sauges*,
le *Thym* et le *Serpolet*, la *Marjolaine*, la *Sarriette*,
la *Mélisse*, l'*Hysope*, le *Lierre terrestre*, les *Lamiers*,
le *Petit Chêne*, etc. ;

Les Liliacées ou espèces bulbeuses, dont les prin-
cipales sont les *Lis*, les *Jacinthes*, les *Tulipes*, les
*Ornithogales*, l'*Ail* et ses variétés, l'*Oignon*, le
*Poireau*, la *Ciboulette*.

Les Graminées, qui comprennent le *Blé*, l'*Orge*,
l'*Avoine*, le *Seigle*, en un mot toutes les céréales et

les plantes à chaume qui peuplent nos prairies et que l'on appelle vulgairement *herbes* ou *gazon* ;

Les Fougères, plantes suffisamment caractérisées par leur nom seul ;

Enfin les *Mousses*, les *Champignons*.

Grâce à cette classification, de même que tout individu qui sait lire peut chercher et trouver facilement dans un dictionnaire le mot dont il ne connaît pas le sens, de même le botaniste et l'herboriste peuvent chercher et trouver dans les *Flores* les noms génériques et spécifiques et les propriétés des plantes qu'ils rencontrent.

On nous pardonnera, nous l'espérons, la longueur de ces préambules et de ces détails qui nous ont paru être les préliminaires nécessaires de la petite étude qui nous occupe et dans laquelle, pour procéder avec ordre, nous avons dû adopter la méthode dont nous venons de donner un léger aperçu.

# PLANTES VÉNÉNEUSES

## DANGEREUSES OU SUSPECTES

### DE L'ARRONDISSEMENT DE MONTMÉDY.

## RENONCULACÉES.

Cette famille, ainsi nommée du genre *Renoncule*
qui est le plus nombreux de cet ordre, embrasse une
foule de plantes dont beaucoup embellissent nos
jardins et dont la plupart sont plus ou moins vénéneuses.

Parmi ses représentants indigènes à propriétés
dangereuses, nous mentionnerons les espèces suivantes :

1° **Clématite des haies**: *Clematis vitalba.*

Noms vulgaires. — Herbe aux gueux, Vis, Rampe,
Bois à fumer.

Plante ligneuse, à longs sarments anguleux et
grimpants, longs de 2 à 3 mètres, garnis de feuilles
opposées, composées de 5 folioles ovales-pointues ;
fleurs *blanches* en bouquets sur des pédoncules rameux ; à ces fleurs succèdent des carpelles ou récep-

tacles de graines, terminés par une longue barbe
plumeuse et rassemblés en tête, formant, en automne, de jolies aigrettes blanches et soyeuses. —
Fleurit en juillet.

Croit dans les haies, buissons et bois, où elle n'est pas
rare.

La *Clématite des haies* est âcre et vésicante. Ses feuilles,
appliquées fraîches sur la peau, y déterminent des pustules
et par suite, des plaies d'un aspect repoussant, mais peu profondes et partant peu douloureuses et point dangereuses.
Certains industriels de bas étage, héritiers des procédés mis
autrefois en usage par les truands de la Cour des miracles,
se créent aussi des blessures factices pour simuler des infir-
mités et exciter la commisération du public. De là le nom
d'*Herbe aux gueux*, donné à cette plante.

Sa tige desséchée est percée de pores longitudinaux, ce qui
permet aux enfants de l'allumer à un bout et de la fumer.
Aussi l'appellent-ils *Bois à fumer* à cause de sa nature rampante.

### 2° **Pigamon jaune :** *Thalictrum flavum.*

Noms vulgaires. — Rue des prés, Rhubarbe des pauvres.

Grande et vigoureuse plante qui s'élève quelquefois jusqu'à 1 mètre de hauteur. Ses feuilles sont
grandes et divisées en folioles vertes en dessus et
pâles en dessous. Elle porte des fleurs *jaunâtres* disposées en panicule ou espèce de grappe allongée. —
Fleurit en juillet-août.

Elle croit dans les prés humides et est assez rare en ce pays ;
nous n'en avons encore rencontré que quelques pieds sur les
bords de la Chiers, en aval de Montmédy et sur ceux de la
Loison, vers Han et Juvigny.

Sa racine, qui est fortement purgative et diurétique, passait autr. fois pour dangereuse. On peut cependant s'en servir
avec succès à la dose de 25 à 30 grammes pour 500 grammes
d'eau. Elle purge sans coliques. On la dit employée avantageusement en Russie contre la rage (Martins, *Bulletin des
sciences médicales de Férusac*). C'est à cause de ses propriétés

luxatives qu'elle est appelée *Rue des prés* et *Rhubarbe des pauvres*.

Les bestiaux repoussent le *Pigamon jaune*.

Son suc jaunâtre peut servir à teindre en jaune.

### 3° **Anémone pulsatille** : *Anémone pulsatilla*.

NOMS VULGAIRES. — Pulsatille, Conchérieux, Coquerelle, Herbe du vent.

Racine dure, garnie au collet de fibres noirâtres donnant naissance à plusieurs feuilles divisées en découpures très-étroites et couvertes d'un duvet argenté ; du milieu de ces feuilles surgissent des tiges hautes de 8 à 15 centimètres garnies d'une collerette très-soyeuse et terminées par une grande fleur d'un beau *violet-velouté* qui a ses étamines d'un beau *jaune-safran*, ce qui produit un très-bel effet sur le fond de la fleur. — Fleurit en avril-mai.

Cette jolie renonculacée croît sur les pelouses sèches et herbeuses, principalement le long des bois. Très-rare en certaines contrées, dans les régions voisines de la Belgique, entre autres, l'*Anémone pulsatille* est fréquente en nos pays. Elle est abondante en certains lieux des pelouses qui bordent les bois de Montmédy et de Juvigny, sur les hauteurs comprises entre Stenay, Olizy et Inor, sur celles qui environnent Marville, en un mot, sur toutes les pentes sèches et calcaires.

Elle renferme, quand elle est fraîche, des principes âcres et corrosifs dont il faut beaucoup se défier. Malgré son âcreté, elle est recherchée des moutons qu'elle nourrit mal et produit même, d'après certains auteurs, la cachexie ou pourriture chez ces animaux. On se sert parfois de la *Pulsatille* pour teindre les œufs de Pâques.

Les autres espèces du même genre, *Anémone sylvie*, *Anémone renoncule*, *Anémone des fleuristes*, etc., tiennent plus ou moins des propriétés suspectes de la Pulsatille.

### 4° **Renoncule flammule** : *Ranunculus flammula*.

NOMS VULGAIRES. — Petite douve, Petite flamme, Flammule.

Elle a des tiges arrondies, lisses et quelquefois

rameuses, un peu couchées, hautes d'environ 30 centimètres; feuilles lisses, sans découpures, sauf quelques petites dents peu sensibles; celles d'en bas sont ovales et celles du haut de la tige allongées; fleurs *jaunes*, de moyenne grandeur, situées à l'extrémité de la tige et des rameaux. — Fleurit de juin à septembre.

Elle naît et végète sur les bords des fossés et des eaux stagnantes. Quoique commune généralement, elle est assez rare en nos parages, et ne s'est encore offerte à nos observations que dans les prés humides d'entre Thonnelle et Avioth.

Son nom de *Flammule* ou *Petite Flamme* lui vient de ses propriétés inflammatoires et vésicantes ou de son âcreté qu'on a comparée à celle du feu mitigé, en latin *Flammula*. En effet, son application sur la peau produit le même effet que le feu ou la flamme.

Le nom de *Renoncule* est commun à un grand nombre de plantes dont quelques-unes, qui sont aquatiques et considérées comme inoffensives, sont à fleurs blanches et dont les autres sont à fleurs *jaunes* et toutes plus ou moins vénéneuses.

### 5° **Renoncule scélérate :** *Ranonculus sceleratus.*

NOM VULGAIRE. — Scélérate.

Plante qui est assez semblable à la précédente quant à la floraison, seulement ses fleurs sont plus petites et d'un *jaune plus pâle;* sa tige est plus haute et plus vigoureuse et atteint de 4 à 6 décimètres; son feuillage est découpé profondément à l'inverse de la *Petite Douve*, dont les feuilles sont entières. — Fleurit en juin et jusqu'en automne.

Elle est malheureusement abondante dans tous les marécages et dans les fossés humides.

Le nom spécifique de cette plante indique ses propriétés malfaisantes ; elle est très-âcre, caustique, corrosive et dépilatoire. Appliquée sur la peau, elle y produit des vésicules ; elle corrode la langue et l'arrière-bouche. Ses effets sont d'autant plus redoutables qu'elle prend naissance dans un lieu plus humide. Elle est nuisible à la fois à l'homme et aux animaux.

### 6° **Renoncule acre** : *Ranonculus acris*.

NOMS VULGAIRES. — Bacinet ou Bassinet, Bouton d'or.

Tige droite, fistuleuse ou creuse, légèrement velue, rameuse, haute de 3 à 6 décimètres ; feuilles lisses ou rarement garnies de poils, divisées en 3 ou 5 lobes dentés. Fleurs terminales assez grandes, d'un *beau jaune*, peu nombreuses. — Fleurit en mai-juin.

Cette plante est très-fréquente dans tous les prés. On en cultive dans les jardins une jolie variété à fleurs doubles plus particulièrement connue sous le nom de *Bouton d'Or*.

Elle possède les mêmes principes âcres et vésicants que la *Renoncule scélérate*.

On pourrait ranger ici les autres espèces de renoncules indigènes à fleurs jaunes, savoir la *Renoncule tête d'or*, la *Renoncule des bois*, la *Renoncule rampante*, la *Renoncule bulbeuse*, etc., qui ressemblent beaucoup à la précédente, quant à la floraison surtout. Elles participent toutes, de près ou de loin, aux qualités vénéneuses de leurs congénères ci-dessus décrites.

### 7° **Caltha des marais** : *Caltha palustris*.

NOM VULGAIRE. — Populage.

Tiges assez grosses, lisses et hautes d'environ 3 décimètres ; feuilles grandes, luisantes, réniformes ou en cœur aplati ; fleurs grandes, d'un *beau jaune*, situées au sommet des tiges. — Fleurit en avril-mai.

Elle est commune dans les prés humides, où elle forme parfois de jolis tapis, et aux environs d s sources et ruisseaux. On en cultive dans les jardins d'ornement, autour des fontaines, une jolie variété à fleurs doubles.

Elle est âcre, vésicante et détersive, mais à un assez faible degré. On l'a employée comme antiscorbutique et en certains pays, ses boutons, confits au vinaigre, sont employés sur les tables en guise de câpres.

### 8° **Hellébore fétide** : *Helleborus fetidus.*



Nom vulgaire. — Pied de Griffon

Tige droite, assez grosse, feuillée, rameuse, glâbre ou lisse, haute de 3 à 5 centimètres. Feuilles d'un vert foncé, alternant entre elles, glâbres, coriaces, divisées en 8 ou 9 digitations longues et pointues, bordées de quelques dents. Du milieu de ses feuilles, qui se sont développées l'année précédente, s'élève au premier printemps une panicule de fleurs assez grandes, *verdâtres* ou *jaunâtres,* bordées d'un liseré *rouge*. — Fleurit en mars-avril.

Dans les lieux rocailleux et arides, le long des haies, etc. Rare en certaines contrées, et inconnue dans les régions voisines de la Belgique e des Ardennes, cette plante abonde sur tous nos coteaux calcaires. Les glacis des fortifications de Montmédy, les hauteurs de Juvigny, d'Iré-le-Sec, les coteaux d'entre Meuse et Chiers dans les cantons de Stenay et Montmédy sont ses stations préférées.

L'*Hellébore* ou *Ellébore* a une odeur fétide et nauséabonde. Il est vermifuge et, de plus, purgatif. Mais ses propriétés sont trop violentes pour pouvoir être utilisées avantageusement ou du moins, il faudrait qu'il soit manié avec beaucoup de prudence.

Dans l'antiquité, il passait pour avoir le privilége de guérir de la folie. De là l'expression souvent usitée chez les auteurs satiriques d'Athènes et d Rome qui disaient dérisoirement, en parlant des cerveaux fêlés de leur époque, que:

« *Tout l'ellébore des trois Anticyres serait insuffisant pour les guérir.* »

Il y avait tant en Grèce qu'en Asie-Mineure trois villes du nom d'Anticyre sur les territoires desquelles l'*Ellébore* était abondant.

Le nom de *Pied de Griffon* donné à l'*Ellébore* provient sans doute de la forme de son feuillage.

### 9° **Nigelle des champs:** *Nigella arvensis.*

Nom vulgaire (*peu usité*). — Nielle.

Tige droite, glâbre, rameuse, haute de 15 à 25

centimètres ; feuilles découpées en folioles très-déliées, à fleurs terminales d'un *blanc-bleuâtre*, assez grandes. — Fleurit en août-septembre.

Dans les champs secs après la moisson. Elle n'est pas commune dans nos environs et nous ne l'avons encore trouvée que dans les champs avoisinant le village d'Aincreville.

Cette plante offre assez de ressemblance avec la *Nigelle de Damas*, qui est plus grande dans toutes ses parties et que l'on cultive comme plante d'ornement dans les jardins, sous les noms de *Pattes d'Araignée*, *Cheveux de Vénus*.

Toutes deux passent pour délétères et sternutatoires. Leurs semences sont odorantes ; on s'en servait parfois en infusion vineuse à la dose d'un gros ; on prétendait que ces graines avaient des propriétés céphaliques, carminatives et fortifiantes.

**10° Ancolie vulgaire:** *Aquilegia vulgaris*.

Noms vulgaires. — Gant de Notre-Dame, Clochette.

Tige droite, arrondie, rameuse, un peu velue, haute de 3 à 6 décimètres ; feuilles divisées en 3 parties dont chacune est divisée en 3 folioles elles-mêmes ayant trois lobes arrondis, dentés ; fleurs grandes, d'un *beau bleu*, peu nombreuses, penchées et terminales, composés d'éperons et de cornets soudés ensemble. — Fleurit en juin-juillet.

Croît dans tous nos bois montagneux et même dans les touffes buissonnantes qui couronnent les flancs et les sommets de nos coteaux. C'est une jolie plante à feuillage très-élégant dont on cultive dans les jardins plusieurs belles variétés.

Cependant chez elle, comme chez beaucoup d'humains, les apparences sont trompeuses. Il faut se défier de ses sucs qui sont dangereux.

On l'employait autrefois comme antiscorbutique apéritive et diurétique. On assurait que sa graine, employée dans du vin blanc était excellente contre la jaunisse.

**11° Dauphinelle des champs :** *Delphinium consolida*.

Nom vulgaire. — Pied d'alouette.

Tige droite, rameuse, légèrement velue, haute de

3 décimètres environ ; feuilles divisées en 3 parties découpées elles-mêmes une ou plusieurs fois, à divisions étroites et linéaires. Fleurs d'un *beau bleu*, à éperons, disposées en grappes lâches terminales. — Fleurit en juin-juillet.

Commun dans les moissons, le *Pied d'alouette* est cultivé dans les jardins comme plante d'ornement ainsi que la *Dauphinelle Ajax* et le *Pied d'alouette vivace*, qui sont suspects au même degré.

Il passe pour dangereux en raison de sa proche parenté avec les *Aconits*. D'un autre côté, on le dit vulnéraire et astringent. Ses graines sont aussi réputées vermifuges. Pulvérisées, elles peuvent être employées en usage externe contre la vermine de la tête qu'elles détruisent. On s'en sert comme des semences de la staphisaigre, en infusion dans le vinaigre ou l'eau-de-vie.

12° **Aconit paniculé :** *Aconitum paniculatum.*

13° **Aconit napel :** *Aconitum napellus.*

14° **Aconit panaché :** *Aconitum bicolor.*

Noms vulgaires. — Casque, Chariot de Vénus.

Ces plantes ne sont pas indigènes et ne se rencontrent que cultivées dans nos parterres dont elles constituent un des plus beaux ornements. Leurs hautes tiges au feuillage découpé, hautes de 6 à 10 décimètres ; leurs belles fleurs en forme de casque, *bleues*, ou panachées *de bleu et de blanc*, produisent un gracieux effet. — Fleurissent en juin-juillet.

Malheureusement, elles renferment des principes vénéneux tellement dangereux, qu'elles devraient être exclues de tous les jardins dans lesquels les enfants ont accès.

15° **Aconit tue-loup :** *Aconitum lycoctonum.*

Tige un peu anguleuse et velue, droite, rameuse, haute de 6 décimètres ; feuilles d'un *vert-noirâtre*, découpées au delà de la moitié en 5 ou 7 lobes divisés en 3 sections dentées. Fleurs *jaunâtres*, en grappes ou épis au sommet des rameaux. — Fleurit en juin-juillet.

Croît dans les grands bois. C'est une plante très-rare qui ne s'est pas encore offerte à nos observations. Elle est cependant indigène. On la rencontre dans de grands bois aux environs de Metz, et dans notre département, entre Gondrecourt et Ligny-en-Barrois; en Belgique, dans les bois vers Etalle.

Ces plantes contiennent un poison narcotico-âcre, plus dangereux à l'état frais que sec. À petites doses, ils jouissent de propriétés diaphorétiques et diurétiques.

Dès la plus haute antiquité, l'*Aconit* a été mis au nombre des poisons les plus violents. Les poètes l'ont fait naître de l'écume de Cerbère et ont prétendu que Médée en fabriquait ses breuvages vénéneux. Ovide mentionne ce fait dans ces deux vers latins :

*Hujus in exitum miscet Medea quod olim*
*Attulerat secum Scythis aconitum ab oris* (*).

Plusieurs peuples anciens présentaient l'*Aconit* comme la *Ciguë* pour infliger la peine de mort.

### 16° Actée à épi : *Actæa spicata*.

Nom vulgaire. — Herbe de Saint-Christophe.

Tige lisse, droite, simple, haute de 3 à 5 décimètres, garnie de 2 ou 3 feuilles amples d'un vert luisant, trois fois découpées en folioles larges, ovales pointues et dentées. Fleurs *blanches*, réunies en un épi court. — Fleurit en mai-juin.

Dans les bois montagneux où elle croît par touffes isolées. Plusieurs fois déjà nous l'avons rencontrée dans les bois de Montmédy, de Villécloye et ailleurs.

Elle renferme dans toutes ses parties un poison âcre qui réside principalement dans ses baies ovoïdes, noires à leur maturité ; elles sont mortelles pour les animaux. Ces baies

---

(*) Traduction : Pour le faire périr, Médée opère la mixture de l'*Aconit* qu'elle avait emporté autrefois avec elle des rivages de la Scythie.

donnent une couleur noire, qui ressemble à de l'encre et que l'on peut fixer par l'alun.

# NYMPHÉACÉES.

Cette famille, voisine de la précédente, tire son nom du genre *Nymphæa* et comprend seulement quelques plantes qui, toutes, sont aquatiques. De ce nombre est le *Nymphæa regia* ou *Victoria regia*, la plus grande de toutes les fleurs connues qui s'épanouit sous l'équateur, à la surface du fleuve des Amazones, le cours d'eau le plus considérable du monde. Cette magnifique plante atteint dans son entier développement, plus d'un mètre de diamètre. Les *Nymphéacées* n'ont que deux représentants en ce pays, qui sont les suivants :

**17° Nénuphar blanc:** *Nymphæa alba.*

Noms vulgaires. — Lis des Etangs, Nénuphar, Nuphar.

Souche charnue, épaisse et longue, noueuse, située horizontalement au fond des eaux ; elle émet des feuilles et des fleurs qui s'étendent à la surface de l'eau ; feuilles flottantes, presque circulaires, planes, luisantes ; fleurs très-grandes, d'un *beau blanc*, composées de beaucoup de pétales blancs à l'exception des 4 inférieurs qui sont verts. — Fleurit de juin en août.

Dans les eaux tranquilles et profondes. On le trouve dans les rivières de Loison, à Han, Juvigny, etc., dans l'Othain, à Marville, Saint-Laurent, etc., dans les noues de la vallée de la Meuse. Cette belle plante est cultivée dans les étangs comme ornement ; ce qui lui vaut son nom de *Lis des Etangs.*

On attribue à sa racine des propriétés un peu narcotiques.

Ses qualités tempérantes et rafraîchissantes, si vantées autrefois, sont aujourd'hui contestées.

**18° Nénuphar jaune :** *Nymphæa lutea.*

Noms vulgaires. — Nénuphar, Nuphar, Bat-Beurre.

Souche et feuillage assez semblables à ceux de la précédente. Néanmoins les feuilles de celui-ci sont moins rondes et plus ovales : fleurs plus petites que les précédentes, sortant de l'eau, *jaunes*, composées de 15 à 20 pétales très-petits. — Fleurit de juin à septembre.

Eaux peu rapides. Cette plante est plus répandue que le *Nénuphar blanc*. On la rencontre dans l'Othain, la Loison, la Meuse, et quelquefois dans la Chiers.

Ses propriétés sont celles du précédent. Les enfants s'amusent à triturer à l'aide d'épingles le suc laiteux que renferment ses capsules charnues, imitant en petit ce qui se fait pour la préparation du beurre, et sucent ensuite ce jus. De là le nom trivial de *Bat-Beurre* donné à cette plante dans certains villages.

# PAPAVÉRACÉES.

Cette famille a reçu son nom du genre *Pavot* ou *Papaver* qui en est en quelque sorte le type. Si les *Renonculacées* sont en général plus ou moins âcres, les *Papavéracées* sont toutes plus ou moins somnifères ou narcotiques.

Comme espèces dangereuses, nous mentionnerons les suivantes :

**19° Chélidoine éclaire :** *Chelidonium majus.*

Noms vulgaires. — Grande Eclaire, Herbe aux Poireaux.

Tige très-rameuse, tendre, quelquefois un peu velue, haute de 3 à 6 décimètres : feuilles molles, découpées en 5 ou 7 folioles irrégulières, d'un vert assez clair. Fleurs *jaunes*, assez grandes, partant plusieurs ensemble de l'aisselle des feuilles. — Fleurit en mai-juin.

Elle se rencontre sur les murs, sur les décombres, dans les haies et est commune.

Cette plante est facilement reconnaissable à son suc ou lait jaune que l'on emploie quelquefois pour guérir les poireaux et verrues des mains. Froissée, elle exhale une odeur nauséeuse. Elle est placée au nombre des végétaux narcotico-âcres et caustiques ; sa racine passe pour diurétique, apéritive et désobstructive. On l'employait contre les maladies du foie et de la rate, principalement contre la jaunisse, ce qui semble être de la vieille médecine homéopathique. Le nom de la *Chélidoine* vient du grec *Chelidôn* qui signifie hirondelle. Les anciens croyaient que cet oiseau se servait de cette plante pour fortifier la vue de ses petits.

### 20° **Pavot somnifère :** *Papaver somniferum.*

Nom vulgaire. — OEillette, Oliette.

Tige droite, lisse, glauque, haute de 9 à 12 décimètres, feuilles embrassantes, sinuées et dentées, d'un vert glauque ; fleurs grandes, *blanches, violettes* ou *lilacées*. — Fleurit en juin-juillet.

Cultivé en grand pour sa graine dont on extrait une excellente huile de table.

A côté de ses usages comestibles, cette plante est dangereuse par ses capsules et ses feuilles qui, étant fraîches, sont narcotiques et stupéfiantes ; ses semences sont adoucissantes et anodines. C'est le suc de ces pavots qui, étant épaissi par l'évaporation, constitue l'*Opium*.

### 21° **Pavot coquelicot :** *Papaver rhœas.*

Nom vulgaire. — Coquelicot.

Tige droite, rameuse, chargée de poils durs, haute de 3 à 6 décimètres ; feuilles velues, à découpures écartées et dentées ; fleurs assez grandes portées sur de longs pédoncules, à pétales d'un *rouge éclatant*. — Fleurit de mai à juillet.

Commune dans toutes les moissons.

Cette plante renferme les mêmes éléments opiacés que la précédente, quoique à un degré moindre. Mais ses fleurs fournissent en infusion une excellente tisane pectorale, anodine, diaphorétique et adoucissante et ses têtes desséchées donnent, par la décoction, un excellent calmant.

On pourrait faire rentrer aussi dans cette énumération le *Pavot argémone*, le *Pavot douteux*, espèces qui diffèrent peu du *Coquelicot*, mais qui sont moins communes.

---

# SILÉNÉES.

Les SILÉNÉES, ainsi nommées du genre *Silène*, et appelées aussi DIANTHÉES, du genre *Dianthus* ou *Œillet*, et CARYOPHYLLÉES, comptent comme principaux genres, le *Silène*, l'*Œillet*, la *Saponaire*, le *Lychnis*, etc., qui n'ont rien que d'agréable et d'inoffensif. Une seule plante indigène fait exception. C'est :

**22° Agrostème des champs :** *Agrostema gitago.*

NOMS VULGAIRES. — Grande Nielle, Cochet.

Tige droite, garnie de rameaux vers le haut, très-velue, haute de 5 à 8 décimètres ; feuilles très-étroites, longues de 8 à 9 centimètres, pointues, velues et blanchâtres ; fleurs d'un *beau rose* ou *purpurines*, grandes, solitaires et terminales. — Fleurit en été.

Croît dans les champs parmi les céréales, à peu près partout.

Les graines de cette plante, mélangées au blé, gâtent la farine et peuvent communiquer de mauvaises propriétés au pain, si elles sont trop abondantes. Leur écorce noire donne au pain une teinte violette et le rend amer. Certains auteurs contestent les propriétés nuisibles attribuées à l'*Agrostème*.

# CÉLASTRINÉES.

Toute petite famille, composée de végétaux arborescents qui n'ont de représentant en ce pays que l'espèce suivante :

**23° Fusain d'Europe :** *Evonymus europæus.*

Nom vulgaire. — Bonnet de prêtre.

Arbrisseau de 15 à 25 décimètres de hauteur, à rameaux à quatre angles dans leur jeunesse et à écorce lisse et verdâtre ; feuilles disposées par paires en regard l'une de l'autre, ovales-pointues, un peu dentées sur leurs bords, à surface lisse ; fleurs *vert-pâle*, disposées sur des pédoncules divisés en trois et partant de l'aisselle des feuilles. — Fleurit en mai-juin.

Croît dans les haies et bois montagneux, surtout dans les vignes. Il n'est pas rare.

Le *Fusain* est appelé souvent *Bonnet de prêtre* à cause de la conformation de son fruit, rouge, à quatre angles, qui ressemble au bonnet carré dont se servent les prêtres en officiant.

Ses fruits passent pour âcres et vomitifs ; réduits en poudre, ils font mourir la vermine des enfants ; on fait avec ses branches un charbon qui sert aux dessinateurs.

---

# RHAMNÉES.

Cette famille, dont l'étymologie est le nom latin du *Nerprun (Rhamnus)*, ne comprend que quelques espèces indigènes, dont deux dangereuses.

**24° Nerprun purgatif :** *Rhamnus catharticus.*

Arbrisseau à rameaux épineux s'élevant à la hau-

teur de 12 ou 15 décimètres et même davantage ;
feuilles disposées par paires vis-à-vis l'une de l'autre,
ovales, arrondies, lisses, bordées de petites dents
entre chacune desquelles se trouve une glande rougeâtre ; fleurs petites, *verdâtres*, ramassées en petits
paquets à l'origine des rameaux. — Fleurit en mai-
juin.

Croît dans les haies et dans les bois où il n'est cependant
pas commun. On en rencontre passablement dans la vallée
entre Montmédy et Vigneul, sur les revers du bois du Moncey.

Ses baies rondes et noirâtres sont un excellent purgatif
mais à condition qu'il en soit usé modérément. Aussi, n'hési-
tons-nous pas à le classer parmi les végétaux dont l'emploi
doit être interdit aux enfants qui, dans leurs promenades,
seraient séduits par l'aspect de ses belles petites graines
noires. Ce sont ces baies qui donnent la couleur appelée *vert
de vessie*. Elles sont hydragogues : on en prépare un sirop
vendu dans quelques pharmacies sous le nom de *Sirop de
Rhamno* ou de *Spina cervina*.

**25° Nerprun bourdaine** : *Rhamnus frangula*.

Noms vulgaires. — Bourdaine, Bourgène, Aune noir.

Arbrisseau de 12 à 25 décimètres de hauteur, non
épineux, à bois et à écorce noirâtres ; feuilles alternes,
ovales ou elliptiques, lisses ou glâbres, munies de
nervures parallèles nombreuses ; ses fleurs *verdâtres*,
partent de l'aisselle des feuilles et sont portées sur
des pédoncules assez longs. — Fleurit en mai-juin.

Se trouve dans les bois et les buissons. Il n'est pas très-
commun dans ce pays-ci. Cependant, on en rencontre sur les
revers boisés de la ville haute de Montmédy et en d'autres
lieux. Il est bien plus fréquent dans certaines régions des
Ardennes où on l'exploite en grand pour en faire du charbon
qui entre dans la composition de la poudre à canon.

L'écorce intérieure de cet arbrisseau est purgative, hydragogue, violente et dangereuse à employer. En certains pays,
on s'en sert, broyée dans du vinaigre, contre la gale ; mais
il faut beaucoup de prudence pour l'administration de ce

remède. Ses graines ou baies rougeâtres d'abord et noirâtres ensuite, doivent tenir des propriétés de l'espèce précédente.

# PAPILIONACÉES.

Sous ce titre, nous présentons à nos lecteurs une des familles les plus considérables et les plus naturelles du règne végétal. Elle porte aussi le nom de LÉGUMINEUSES en raison des usages alimentaires de beaucoup d'espèces qui en dépendent ; telles sont : les *Pois*, les *Lentilles*, les *Fèves*, etc. Mais elle embrasse surtout une infinité d'espèces fourragères cultivées en prairies artificielles ou entrant pour une forte part dans la composition des prairies naturelles, ce sont entre autres les *Trèfles*, les *Luzernes*, le *Sainfoin*, les *Vesces* ou *Pesés*, les *Gesses*, les *Mélilots*, les *Lotiers*, etc. Aussi cette grande division de plantes ne comprend-elle que très-peu d'espèces dangereuses ; ce sont, dans nos parages :

**26° Cytise faux-ébénier** : *Cytisus laburnum.*

Noms vulgaires. — Cytise, Acacia jaune.

Arbrisseau de 2 à 4 mètres de hauteur, à écorce unie et verdâtre ; feuilles divisées en trois folioles elliptiques, lisses en dessus et duveteuses en dessous ; fleurs *jaunes*, semblables pour la forme à celles de l'*Acacia ordinaire*, disposées en grappes longues et pendantes à l'extrémité des rameaux ; à ces fleurs succèdent des gousses de la forme de celles du *Pois cultivé*, mais bien plus allongées et plus étroites et recouvertes, ainsi que les queues ou pétioles, d'un léger duvet couché. — Fleurit en mai.

Ce joli arbrisseau, qui est cultivé pour l'ornement des jardins, se rencontre quelquefois à l'état sauvage dans les bois montagneux. Nous en avons trouvé au bord des bois de Saint-Montant, entre Montmédy et Iré-le-Sec où ils ont pu être plantés et s'être propagés ensuite.

L'écorce de *Cytise* est vénéneuse. Tout récemment encore les journaux ont relaté un cas d'empoisonnement par cette plante qui s'est produit en avril 1868, aux environs de Copenhague (Danemark). Son bois, qui devient noir en vieillissant, sert à différents ouvrages.

### 27° **Ononis épineux** : *Ononis spinosa.*

Noms vulgaires. — Bugrane, Arrête-Bœuf, Rābieu, Tadent.

Tige assez droite, très-rameuse, couchée ou dressée, revêtue de poils glanduleux, haute de 3 à 5 décimètres; feuilles ovales, disposées inférieurement par trois comme celles du *Trèfle*, mais simples sur les rameaux; folioles ovales à dents pointues, garnies de poils visqueux des deux côtés; fleurs *rougeâtres*, solitaires, naissant de l'aisselle des feuilles. — Fleurit en juin-juillet.

Croît sur les talus, le long des chemins et dans les champs en pente peu fertiles. Il n'est pas rare.

Cette plante est dangereuse par ses épines dont la piqûre produit des blessures douloureuses qui, souvent, tournent au panaris. On dit que le suc de ses feuilles froissées est un remède contre le mal, si l'on a soin de les appliquer immédiatement sur la piqûre. Sans certifier l'infaillibilité de cette médication, nous y verrions volontiers une de ces voies mystérieuses de la Providence, qui se plaît si souvent à faire naître le remède à côté du mal. L'expérience a du reste prouvé qu'il en était souvent ainsi dans les zônes torrides et en Amérique surtout, où vivent tant de végétaux et d'animaux nuisibles.

L'*Ononis* est employé en médecine comme diurétique et apéritif.

Son nom d'*Arrête-Bœuf* lui vient de la ténacité et de la force de ses racines qui sont d'une résistance telle qu'elles font regimber parfois l'attelage des charrues. Le nom trivial de *Rābieu*, qui lui est donné dans quelques villages est sans doute une corruption de celui d'*Arrête-Bœuf*. En d'autres localités de ce pays, il est connu sous l'appellation de *Tadent*, qui rappelle de loin ses pointes épineuses.

**28° Coronille bigarrée:** *Coronilla varia.*

Tige couchée, rameuse et diffuse, longue de 4 à 6 décimètres; feuilles composées de 15 à 17 petites folioles oblongues - ovales; fleurs assez grandes, panachées de *rose*, de *blanc* et de *violet*; réunies de 15 à 20 ensemble, en couronnes ou ombelles, sur des pédoncules qui partent de l'aisselle des feuilles. — Fleurit de juin à septembre.

Elle se rencontre assez fréquemment dans les pays calcaires, sur les pelouses et talus le long des bois. L'élément calcaire dominant aux environs de Montmédy, elle y est assez commune. On en trouve sur les hauteurs d'entre Montmédy, Han et Juvigny, sur les collines vers Stenay, Baâlon, Inor, etc. ; seulement, au nord de Montmédy, où le terrain devient sablonneux, on ne la rencontre plus.

Cette plante, qui est assez jolie, passe pour avoir un suc doué de propriétés vomitives et vénéneuses. Cependant ce n'est pas prouvé et ici Hippocrate dit oui et Galien dit non. En effet, tandis qu'elle est qualifiée de dangereuse par certains auteurs, d'autres, au contraire, la prônent pour ses propriétés diurétiques.

Le docteur Lejeune, de Verviers, (Belgique), aussi savant botaniste que médecin distingué, dit l'avoir administrée à la dose de plusieurs grammes à des vieillards atteints d'hydropisie.

# ROSACÉES.

Cette utile famille partagée par certains botanistes en plusieurs sections sous les noms de ROSACÉES, AMYGDALÉES, POMACÉES, comprend une foule d'espèces différentes. Elle embrasse les *Rosiers*, qui lui ont donné son nom, les *Ronces*, les *Bénoîtes*, les *Spirées* ou *Reines des prés*, etc. On y rattache aussi tous les arbres à fruits à noyaux ou à pépins, tels que *Pommiers, Pruniers, Poiriers, Cerisiers*, etc. Comme on le voit, c'est à la fois une des plus précieuses et des plus agréables du règne végétal ; elle ne compte en ce pays qu'une seule espèce suspecte, qui est la suivante :

**29° Cerisier à grappes :** *Cerasus padus.*

Noms vulgaires. — Putiet, Bois pucelle.

Arbre de grandeur variable, selon les terrains où il croît. Dans les bois il a un tronc de 2 à 3 mètres et l'écorce d'un brun-rougeâtre ; feuilles ovales-elliptiques, pointues, lisses, à dents pointues, d'un beau vert, fleurs *blanches* beaucoup plus petites que celles des cerisiers ordinaires, disposées en grappes longues et pendantes. — Fleurit en mai.

Croît dans les bois humides où il est rare. On le trouve dans ceux d'entre Breux et Fagny ; il est plus abondant dans les forêts qui avoisinent les ruines d'Orval (Belgique) et dans toutes les régions voisines. On doit le rencontrer aussi dans les forêts de l'Argonne, canton de Montfaucon, dont le sol offre de grandes similitudes avec celui des parties voisines de la Belgique sus-indiquées et produit les mêmes espèces de plantes. Cependant cette espèce n'est pas mentionnée dans la *Flore de la Meuse* qui est pourtant très-complète en ce qui touche le pays d'Argonne, contrée qui se distingue par des productions toutes spéciales.

Cet arbrisseau, que l'on cultive pour l'ornement des bosquets, donne de petits fruits ronds, noirâtres ou rougeâtres, très-amers et d'un goût désagréable que l'on regarde comme dangereux.

## OBSERVATION.

Il serait bon aussi d'exhorter les enfants à ne manger que modérément les amandes que contiennent les noyaux de *Prunes*, *Cerises*, *Abricots* et ceux de *Pêches* surtout qui renferment des principes très-vénéneux. Pour plus de sécurité, il serait préférable de leur interdire complètement ces noyaux ; ils participent en effet tous plus ou moins, des propriétés de l'amande amère qui, comme l'on sait, contient de l'acide prussique, l'un des plus énergiques poisons qui existent.

---

# CUCURBITACÉES.

Dans cette intéressante famille ainsi nommée du genre *Cucurbite* ou *Citrouille*, on ne compte guère que des végétaux à fruits alimentaires qui atteignent quelquefois dans leur entier développement des proportions colossales ; tels sont les *Calebasses*, les *Melons*, les *Concombres* ou *Cornichons* et autres espèces (*). Néanmoins nous y trouvons une espèce indigène dangereuse :

### 30° **Bryone Dioïque** : *Bryonia dioïca.*

Noms vulgaires. — Couleuvrée, Navet galant.

Tige grêle, sarmenteuse, grimpante au moyen de ses vrilles, longues de 15 à 20 décimètres, garnie par ci par là de poils raides ; feuilles alternant d'un

---

(*) Les mauvais plaisants se font un malin plaisir à détourner de leur acception propre les noms des principaux représentants de cette famille, en raison sans doute des formes massives et trapues de leurs fruits, et de les appliquer au figuré à certains membres de la famille humaine ; ajoutons que ces qualifications font généralement peu d'honneur à l'intelligence de ceux au profit desquels elles ont lieu et à la charité de ceux qui les emploient.

côté à l'autre de la tige, en forme de cœur, pointues, poilues et rudes au toucher, accompagnées de longues vrilles ; fleurs petites, d'un *blanc-verdâtre,* auxquelles succèdent des baies rondes de la grosseur d'un pois et d'un *rouge-vif* à la maturité. — Fleurit en juin-juillet.

Croit dans les haies et est assez commune dans ce pays.

La racine de la *Bryone,* qui est très-grosse, blanche et affecte toutes sortes de formes, renferme un suc laiteux d'une grande âcreté ; appliquée sur la peau, elle y produit de la rubéfaction. Séchée, cette racine est moins active et donne même une fécule alimentaire comme la pomme de terre. On l'employait autrefois comme purgatif drastique. Elle était aussi usitée dans le traitement des rhumatismes, de la goutte, de la paralysie, des scrophules, etc., à la dose d'une once à 3 onces par litre d'eau. Mais on a renoncé à peu près généralement à ce médicament, à cause des dangers qu'il présente.

## OMBELLIFÈRES.

Voici une des familles les plus naturelles de l'empire de Flore. En effet, le plus ignorant en botanique reconnaîtra facilement ces plantes à leur floraison généralement blanche et disposée en rayons terminés par de petites fleurs dont la réunion forme une espèce de parasol ou d'ombelle ; c'est de cette forme de floraison qu'est venu le nom de la famille qui est très-nombreuse. A côté de plantes d'usage domestique et de condiments, tels que la *Carotte,* le *Panais,* le *Cerfeuil,* le *Persil,* l'*Anis,* on y rencontre bien des plantes suspectes, qui, généralement, sont originaires des marais et lieux humides.

Les Ombellifères se ressemblant toutes plus ou moins, sont assez difficile à distinguer entre elles.

Aussi avons-nous cherché à en donner des descriptions plus complètes que pour les plantes des autres familles.

### 31° **Cicutaire vireuse** : *Cicutaria virosa.*

Noms vulgaires. — Ciguë aquatique, Ciguë vireuse.

Racine épaisse et blanchâtre d'où naît une tige creuse, rameuse, lisse, ainsi que toute la plante, haute de 6 à 10 décimètres; feuilles grandes, trois fois divisées en folioles larges de 4 à 8 millimètres, allongées, pointues et à dents très-aiguës; fleurs *blanches,* en ombelles peu serrées, composées de 15 à 20 rayons terminés eux-mêmes par une petite ombelle ou ombellule hémisphérique. Au nœud de la grande ombelle se trouve une collerette d'une ou deux feuilles et aux nœuds des ombelles partielles il s'en trouve d'autres ayant chacune de 10 à 12 folioles étroites. — Fleurit en juillet-août.

Croit dans les eaux dormantes. Elle est assez rare et nous ne l'avons pas encore rencontrée dans nos pérégrinations. Mais nous avons cru devoir néanmoins la citer, d'autant plus qu'elle se trouve aux environs de Verdun et que nous inclinons, par analogie, à penser qu'elle doit exister dans la vallée de la Meuse.

Cette plante est très-dangereuse comme poison narcotico-âcre et plus active que la *Grande ciguë* dont nous parlerons plus loin. Sa racine ressemble beaucoup à celle du *Panais,* ce qui a déjà causé de fatales méprises. Ses remèdes les plus sûrs sont le vomissement et l'absorption de corps gras et huileux.

### 32° **Berle à larges feuilles** : *Sium latifolium.*

Tige assez grosse, droite, tendre, fistuleuse ou creuse, sillonnée, glâbre ou lisse, haute de 8 à 12 décimètres, un peu rameuse au sommet; feuilles glâbres, composées de 9 à 11 folioles, grandes, ovales-pointues, dentées; les feuilles supérieures, à

3 ou 5 folioles seulement ; fleurs *blanches,* en une seule ombelle terminale, ample, composée de 15 à 25 rayons ; à la base de l'ombelle il existe une collerette de 5 ou 6 folioles allongées et pointues, et à la base des petites ombelles partielles il s'en trouve d'autres de 3 à 5 folioles. — Fleurit en juin-juillet.

Dans les prairies humides et au bord des mares et étangs. Elle est assez rare. Nous l'avons trouvée dans les bas-fonds de la prairie de Mouzay et elle doit se rencontrer sur d'autres points de la vallée de la Meuse.

Cette plante passe pour suspecte comme toutes les ombellifères qui naissent au bord des eaux et au même degré que l'*Ache,* plante malfaisante du midi de la France dont la culture a fait le *Céléri* de nos jardins potagers. La *Berle* agit comme diurétique et antiscorbutique.

Les autres espèces de ce genre, la *Berle à feuilles étroites,* etc., doivent tenir aussi des propriétés de la *Berle à larges feuilles.*

**33° Œnanthe fistuleuse :** *Œnanthe fistulosa.*

Tige traçante à la base, redressée un peu en zigzag, rameuse, haute de 3 décimètres ; feuilles allongées, trois fois divisées dans le bas de la plante, deux fois divisées seulement un peu plus haut et simplement ailées au sommet, à découpures petites et linéaires ; fleurs *blanches,* en ombellules ramassées et serrées, au nombre de trois pour former l'ombelle ; collerette principale à une seule foliole ; collerettes secondaires à 6 ou 8 folioles pointues et allongées. — Fleurit en juin-juillet.

Prés marécageux et fossés. Elle n'est pas rare dans nos parages. On la voit dans certaines parties des prairies de Montmédy.

**34° Œnanthe à feuilles de Peucédane :** *Œnanthe peucedanifolia.*

Racine composée de tubercules ovoïdes, et de

fibres nombreuses, d'où sort une tige droite, cannelée, fistuleuse, haute de 4 à 6 décimètres; feuilles
inférieures deux fois divisées et les supérieures simplement divisées en folioles linéaires et allongées;
ombelles de 7 à 10 rayons sans collerette et à ombellules de fleurs *blanches*, garnies de collerettes de
8 à 10 folioles étroites. — Fleurit en juin.

Dans les prés humides. On la rencontre dans la vallée de
la Meuse, mais assez rarement. Les échantillons que nous
possédons ont été trouvés à Brieulles-sur-Meuse.

Cette espèce d'*OEnanthe* a des tubercules féculents de la
grosseur d'une noisette que les enfants récoltent et mangent
après la récolte des foins sans rien éprouver. Certains botanistes autorisés en ont aussi fait l'expérience dans leurs her-
borisations et disent n'en avoir rien ressenti de fâcheux. Néanmoins nous n'hésitons pas à proscrire cette plante ainsi que
la précédente, ne fût-ce qu'à cause de leur proche parenté
avec la suivante et avec l'*OEnanthe safranée*, espèce plus dangereuse encore, qui croît en Bretagne et dans d'autres parties
de la France.

**35° Œnanthe phellandrie :** *OEnanthe phellandria.*

Noms vulgaires. — Fenouil d'eau, Phellandrie.

Racine épaisse et spongieuse d'où s'élève une
tige haute de 6 à 12 décimètres, très-grosse, creuse,
cannelée, glâbre, très-rameuse; feuilles grandes,
d'un beau vert, trois ou quatre fois divisées en
folioles menues et découpées en lanières ; fleurs
petites, *blanches,* en ombelles de 10 à 12 rayons,
portées sur des pédoncules courts, vis-à-vis des
feuilles du sommet; collerette générale nulle ou à
une seule foliole ; collerettes partielles à 6 ou 8 folioles, courtes et linéaires. — Fleurit en juin-juillet.

Dans les marais et fossés aquatiques. Elle est assez fréquente dans la plaine de Mouzay et doit l'être aussi dans les
mares du canton de Damvillers.

La *Phellandrie* est une plante malfaisante à la manière des ciguës. Elle est cependant médicinale par ses graines surtout ; elle agit comme sédative, à petite dose et s'emploie contre diverses affections de la poitrine ; mais son administration exige beaucoup de prudence.

**36° Æthuse petite ciguë :** *Æthusa cynapium.*

Noms vulgaires. — Petite ciguë, Persil de chien.

Tige haute de 3 à 8 décimètres, droite, rameuse, glâbre, un peu sillonnée ; feuilles deux ou trois fois divisées, à folioles pointues et incisées, ressemblant à celles du *Persil ;* fleurs *blanches,* en ombelles de 8 à 10 rayons, portées sur des pédoncules ou queues qui naissent en regard des feuilles ; pas de collerette générale ; collerettes des ombellules comprenant 3 folioles étroites, penchées, plus longues que les ombellules. — Fleurit de juin à septembre.

Tout le monde connaît au moins de nom cette plante dont la fatale ressemblance avec le *Persil* et le *Cerfeuil* a déjà occasionné tant d'accidents. Il y a quelques années encore, la maladresse d'un cuisinier a empoisonné tout un pensionnat en Italie, contrée où, il est bon de le dire, les plantes vénéneuses sont bien plus énergiques que dans nos parages ; l'intensité des poisons végétaux est en effet en raison directe de l'élévation de la température moyenne du pays dans lequel ils croissent. Ce qui augmente ici le danger, c'est que la *Petite Ciguë* semble prendre plaisir à croître spontanément dans les jardins et lieux cultivés, hors desquels on ne la rencontre point. Toutes les ombellifères se ressemblant plus ou moins, il est assez difficile pour une personne inexpérimentée de la distinguer du *Persil.* Il faut pour cela une certaine habitude. Elle s'en distingue surtout par la teinte luisante et vert-clair de son feuillage.

On ne saurait donc prendre trop de précautions pour éviter de regrettables erreurs et nous ne saurions trop engager les ménagères à bien étudier les caractères qui distinguent la *Petite Ciguë* des espèces utiles. Avec un peu de pratique et d'attention, il devient impossible de se méprendre.

**37° Æthuse élevée :** *Æthusa elata.*

Elle ressemble beaucoup à la *Petite Ciguë* et s'en

distingue surtout par la hauteur et la vigueur de ses tiges qui peuvent atteindre de 10 à 15 décimètres de longueur ; de plus, tandis que la précédente est annuelle, celle - ci est bisannuelle ; fleurs *blanches* comme celles de la précédente. — Fleurit en été.

Beaucoup plus rare que la *Petite Ciguë*, elle croît dans les taillis des bois humides. Nous en avons rencontré plusieurs pieds dans les bois de Montmédy, vers Vigneul.

Elle a les propriétés de sa congenère ci-dessus décrite.

**38° Cerfeuil enivrant :** *Chœrophyllum temulum.*

Nom vulgaire. — Persil d'âne.

Tige droite, haute de 5 à 7 décimètres, velue, un peu rude au toucher, marquée de larges taches rouges, renflée sous les nœuds ou articulations ; feuilles assez larges, d'un vert obscur, poilues sur les deux faces, deux fois divisées, à folioles élargies, incisées et partagées en plusieurs lobes ; fleurs *blanches*, en ombelles de 8 à 12 rayons, sans collerette à l'ombelle, mais garnies sous les ombellules de collerettes partielles de 5 à 8 folioles ovales, ciliées, pointues et penchées. — Fleurit en juin-juillet.

Dans les haies et buissons où elle est très fréquente.

Ainsi que son nom l'indique, le *Cerfeuil enivrant* peut causer des vertiges. Aussi doit-il être classé comme espèce dangereuse. De plus il est fétide.

**39° Ciguë commune :** *Conium maculatum.*

Nom vulgaire. — Grande ciguë.

Tige haute d'un à 2 mètres, droite, rameuse, épaisse, creuse, tachetée à la base de pourpre-noirâtre ; feuilles grandes, trois fois divisées, à folioles découpées, pointues, d'un vert noirâtre, luisantes ; fleurs *blanches,*, formant des ombelles assez petites comparées aux dimensions des autres parties de la plante ; ces ombelles, qui ont 10 rayons, sont garnies à leur base d'une collerette de 5 folioles penchées ; collerettes des ombellules à 2 ou 3 folioles disposées du côté extérieur. — Fleurit en juin-juillet.

Au bord des chemins et des haies. Elle est surtout fréquente dans les fossés et sur les glacis des remparts de Montmédy.

Cette plante, qui exhale une odeur nauséabonde que l'on peut comparer à celle de l'urine de chat, est vénéneuse, mais à un degré moindre pourtant que la *Ciguë vireuse* et la *Petite Ciguë*. Toutes trois renferment un suc laiteux d'une saveur d'abord douce et aromatique, puis âcre. Ingéré dans l'estomac, ce suc détermine l'afflux du sang dans les poumons et agit comme poison narcotico-âcre. Comme antidote aux effets léthifères de ces plantes, il faut provoquer le vomissement ; en attendant l'arrivée du médecin, il est bon d'administrer du tannin ou du café noir.

La *Grande Ciguë*, du moins, rachète ses mauvaises qualités par les services qu'elle rend à la médecine qui l'emploie fréquemment sous forme d'extrait contre les cancers, les scrophules et tous autres engorgements ; on s'en sert aussi contre les affections de poitrine et la phtisie pulmonaire, contre la cataracte naissante, la goutte et le rhumatisme.

La *Ciguë* était le breuvage que les anciens Athéniens faisaient boire aux condamnés à mort. Deux hommes particulièrement vertueux, Socrate, Phocion, périrent ainsi, victimes de l'animosité de leurs ennemis et de l'ingratitude du peuple d'Athènes.

**40° Anthrisque sauvage :** *Anthriscus sylvestris.*

Noms vulgaires. — Cerfeuil sauvage, Fausse carotte.

Tige droite, assez grosse, cylindrique, cannelée, rameuse, gonflée aux articulations, velue à la base, haute de 6 à 10 décimètres ; feuilles très-grandes, deux ou trois fois divisées, sans poils, à folioles ovales-pointues, aiguës, découpées et dentées ; fleurs *blanches,* en ombelles terminales de 8 à 12 rayons inégaux ; collerette générale, nulle ; collerettes partielles garnies de 5 à 8 folioles, courtes, ovales, pointues, ciliées et dentées. — Fleurit en mai.

Dans les prés et les vergers où elle abonde; elle infeste parfois les lieux où elle croît et l'on a bien de la peine à l'en extirper complètement.

Cette plante passe pour participer aux propriétés suspectes des *Ombellifères* précitées.

# LORANTHACÉES.

Sous ce nom, on a classé une famille de plantes assez nombreuse, appartenant aux genres *Loranthus, Aucuba, Viscum;* presque tous les végétaux de cette famille sont particuliers aux pays chauds. Une seule espèce est indigène ; c'est celle qui suit :

**41° Gui à fruits blancs :** *Viscum album.*

Plante parasite, c'est-à-dire naissant sur d'autres, aux dépens desquelles elle vit, à tige ligneuse, très rameuse, se divisant toujours par deux, de couleur vert-jaunâtre, formant des touffes de 3 à 4 décimètres de longueur ; feuilles elliptiques-allongées, sessiles, c'est-à-dire naissant des rameaux mêmes, épaisses, de la même couleur que le bois ; fleurs *jaunâtres,* ramassées 3 à 4 ensemble en petits paquets, à la bifurcation des rameaux et à leur sommet. — Fleurit en mars-avril.

Le *Gui* est cette plante que l'on voit végéter sur les rameaux des arbres, principalement des peupliers, pommiers et poiriers et dont le feuillage persistant se dessine surtout l'hiver au milieu des branches dépourvues de verdure. A l'inverse de la plupart des plantes, celle-ci pousse aussi bien par en bas que par en haut. Il est assez rare dans les environs de Montmédy. Cependant on en rencontre aux approches de Velosnes, Juvigny-sur-Loison, à Grand-Verneuil, près d'Inor. Mais il est plus fréquent dans certains villages du canton de Spincourt, à

Saint - Laurent, entre autres, et probablement en d'autres endroits·

Le *Gui* avait une grande réputation dans l'ancienne Gaule ; avec la *Verveine*, il constituait la plante sacrée par excellence. Les druidesses ou prêtresses le recherchaient à certaines époques de l'année et cette recherche, qui se faisait solennellement, avait lieu en présence de tous les membres de la tribu. Quand elles l'avaient rencontré, elles allaient le détacher avec une serpe d'or et c'était l'occasion de grandes réjouissances. Seulement, cette plante précieuse devait être recueillie sur un chêne où, paraît-il, on ne la rencontre presque jamais. Il nous souvient cependant d'avoir vu, dans la forêt d'entre Virton et Etalle (Luxembourg belge), lieu dit la Croix-Rouge, un jeune chêne qui en était couvert du pied à la cime.

Le *Gui*, à qui la mythologie gauloise attribuait des vertus mystérieuses est à peu près inusité aujourd'hui. Ses baies blanches, qui contiennent un suc visqueux, sont, suivant certains auteurs, âcres et amères et renferment des principes purgatifs violents et dangereux. On les utilise encore quelquefois pour hâter la suppuration des plaies et frictionner les abcès. On préconisait autrefois cette plante comme remède contre l'épilepsie ; on disait ses graines emollientes ; on appliquait ses baies en cataplasme, pour calmer les douleurs de la goutte ; on s'en servait aussi comme antispasmodique et léger tonique ; mais toutes ces propriétés, utiles ou nuisibles, sont aujourd'hui contestées.

L'industrie emploie toutes les parties de cette plante pour la fabrication de la glu.

Les oiseaux sont très-friands de la graine du *Gui* et c'est grâce à eux qu'il se propage d'un arbre à un autre.

---

# CAPRIFOLIACÉES.

Cette famille est ainsi nommée du *Chèvrefeuille*, en latin *Caprifolium*, qui en est le genre principal. Elle est assez peu nombreuse et ne comprend guère que des arbustes ou arbrisseaux dont les fruits sont généralement considérés comme malfaisants.

**42° Viorne mancienne :** *Viburnum lantana.*

Noms vulgaires. — Mauchelle, Marcelle.

Arbrisseau rameux, haut d'un mètre et demi à 2 mètres, à pousses blanchâtres ; feuilles ovales, dentées, un peu en cœur à la base ; fleurs *blanches*, disposées en corymbe ou espèce d'ombelle convexe. A ces fleurs succèdent des baies d'abord rouges, puis noires, aplaties. — Fleurit en mai.

Dans les bois et les haies où il est commun.

Ses jeunes pousses, très-flexibles et appelées *massoles* en certains pays, sont utilisées comme liens et sa racine donne de la glu. Mais ses fruits sont réputés dangereux. Nous pensons que c'est à un très-faible degré. Les noms vulgaires de cette plante lui viennent sans doute par corruption de son nom spécifique *Mancienne.*

**43° Viorne obier :** *Viburnum opulus.*

Noms vulgaires. — Obier, Rose de Gueldre.

Arbrisseau d'un mètre et demi à 2 mètres de hauteur, à rameaux fragiles ; feuilles opposées, larges, non cotonneuses, divisées en trois lobes, munies elles-mêmes de dents profondes irrégulières ; fleurs *blanches*, disposées en corymbe ; celles du milieu sont petites et celles du pourtour sont beaucoup plus grandes ; baies arrondies et rouges. — Fleurit en mai.

Commun dans les haies et les bois taillis. Une de ses variétés fournit un joli arbuste d'ornement connu sous le nom de *Boule de neige.*

Ses fruits doivent être considérés comme suspects.

Le *Viorne laurier-tin*, originaire de Provence et qui est cultivé dans les serres comme plante d'ornement est plus positivement reconnu comme dangereux.

**44° Sureau noir :** *Sambucus niger.*

Nom vulgaire. — Scugnon.

Arbrisseau de 4 à 5 mètres de hauteur ; feuilles

divisées en 5 ou 7 folioles, ovales-allongées, dentées, pointues; fleurs *blanches,* disposées en larges corymbes à l'extrémité des rameaux. — Fleurit en juin.

Fréquent dans toutes les haies.

Son bois, à moëlle abondante fait les délices des enfants qui s'en fabriquent des pétards. Ses fleurs sèches, sont très-avantageusement employées en infusion comme sudorifiques, anodines, adoucissantes; fraîches, elles sont purgatives, ainsi que l'écorce intérieure; ses baies noires donnent aussi un extrait sudorifique, connu sous le nom de *Rob de Sureau,* mais en même temps purgatif. Pour cette raison, ces fruits doivent être rangés comme nuisibles. Les feuilles sont employées en cataplasmes extérieurs contre les tumeurs froides.

### 45° **Sureau yèble** : *Sambucus ebulus.*

Nom vulgaire. — Yèble ou Hièble.

Tige droite, herbacée, un peu rameuse, un peu velue, haute d'un mètre à un mètre et demi ; feuilles de 5 à 9 folioles, plus longues et plus étroites que celles du *Sureau commun,* dentées en scie et très-pointues ; fleurs *blanches* ou un peu *rougeâtres,* disposées en corymbe terminal ; étamines violettes. — Fleurit en juin-septembre.

Au bord des chemins et dans les champs argileux ou humides qu'il infeste parfois.

Nous classons cette plante comme suspecte à cause de sa proche parenté avec le *Sureau noir.* Froissée, elle exhale une odeur particulière assez forte et nauséabonde.

### 46° **Sureau à grappes** : *Sambucus racemosus.*

Arbrisseau plus rameux et moins élevé que le *Sureau noir* et à feuilles à peu près de même forme ; fleurs *jaunâtres,* disposées en grappe ou panicule ovale et non en corymbe. — Fleurit en mai-juin.

Cet arbrisseau, qui est cultivé pour l'ornement des bosquets d'agrément, à cause de la beauté de ses élégantes grappes de baies rouges persistantes, est beaucoup plus rare que les espèces précédentes. Il ne croît spontanément que dans les terrains sablonneux ou de grès ; il est néanmoins assez abondant dans les bois de Breux et Fagny et dans toutes les régions voisines du Luxembourg belge ; on nous a dit qu'il se rencontrait aussi dans les bois de Vezin (Moselle). Il doit encore se trouver dans les forêts de la chaîne des Argonnes, vers Romagne-sous-Montfaucon, Gesnes, Epinonville, etc.

Nous avons lieu de croire que ses graines sont nuisibles comme le sont en général toutes les baies d'espèces non comestibles. En tous cas, elles sont un purgatif violent.

### 47° **Chèvrefeuille des bois :** *Lonicera periclymenum.*

Arbrisseau grimpant à tiges très-longues, s'entortillant autour des arbres qui l'avoisinent. Feuilles ovales-pointues, d'un vert glauque ou bleuâtre en dessous et lisses ; fleurs d'un *jaune - rougeâtre,* grandes et disposées en bouquets et exhalant une agréable odeur. Baies rouges à la maturité. — **Fleurit en mai-juin.**

Cette plante que tout le monde connaît est commune dans les haies et dans les bois. On la cultive dans les jardins pour en faire de jolis berceaux.

Les fruits du *Chèvrefeuille* produisent des vomissements et des effets purgatifs dangereux. On les employait autrefois comme diurétiques ; ses fleurs sont anodines.

### 48° **Chèvrefeuille velu :** *Lonicera xylosteum.*

Nom vulgaire (peu usité). — Camécerisier des bois.

Arbrisseau de 12 à 15 décimètres de hauteur, non grimpant et très-branchu, à rameaux rougeâtres ; feuilles ovales-pointues, entières, garnies de duvet et molles ; fleurs petites, *blanches,* disposées par paires ; fruit composé de 2 baies rouges soudées l'une à l'autre, ayant la grosseur et la consistance d'une groseille. — **Fleurit en mai.**

Dans les bois et les haies où il est fréquent.

Nous croyons qu'il est prudent de se défier de ses fruits comme de ceux de l'espèce précédente.

**49° Chèvrefeuille des jardins :** *Lonicera caprifolium.*

Arbrisseau grimpant et sarmenteux comme le *Chèvrefeuille des bois* et ayant le même port, il en diffère surtout par ses feuilles dont celles du sommet des tiges sont soudées à la base, de manière à n'en faire qu'une seule que traverse la tige et par ses fleurs grandes et odorantes de couleur *rouge-vif* en dehors et disposées par verticilles ou collerettes autour de la tige. — Fleurit en mai-juin.

Cette plante originaire du midi est cultivée pour garnir les berceaux et les bosquets. Ses fruits ont les mêmes raisons d'être rejetés que ceux des espèces précédentes.

On doit tenir en semblable suspicion ceux d'autres espèces de *Chèvrefeuilles* cultivés, tels que le *Chèvrefeuille de Virginie* et le *Chèvrefeuille de Tartarie,* à fleurs *roses,* appelé aussi *Camérisier* ou *Camécerisier.*

# COMPOSÉES.

Cette famille appelée aussi SYNANTHÉRÉES, constitue le plus vaste groupe du règne végétal ; aussi a-t-il fallu y introduire plusieurs divisions dont les principales sont les suivantes : 1° CORYMBIFÈRES, à fleurs généralement entourées de rayons étalés en forme de soleil, comme la *Grande* et la *Petite Marguerite* et presque toujours disposées en corymbes ; 2° CYNAROCÉPHALES ou à têtes en forme d'*Artichaut,* comme l'*Artichaut,* les *Chardons ;* 3° CHICORACÉES ayant pour type le genre *Chicorée.* Les très-nombreux genres et espèces indigènes que comprennent les Composées passent pour être à peu près tous d'une innocuité parfaite. Nous ne connaissons que l'espèce suivante pour faire exception :

## CHICORACÉES.

### 50° **Laitue vireuse** : *Lactuca virosa.*

Tige droite et lisse, atteignant jusqu'à un mètre de hauteur, rameuse, garnie de petites épines clair-semées ; feuilles alternant entre elles, embrassant la tige par leur base, oreillées, luisantes et découpées en lanières dentelées ; fleurs petites, *jaunes*, disposées en panicule terminale ou grappe lâche très-allongée. — Fleurit en juillet-août.

Croît dans les lieux secs ; elle est très-rare et ne s'est pas encore offerte à nos observations. Cependant comme elle a été rencontrée aux environs de Bar-le-Duc et dans le Grand duché de Luxembourg, pays entre lesquels nous nous trouvons placés, nous avons cru devoir la comprendre dans notre nomenclature.

La *Laitue vireuse* a un suc laiteux abondant et visqueux qui est amer, narcotique et de mauvaise odeur et qui approche de l'*Opium* pour ses qualités. Son extrait est quelquefois employé à la dose de 1 et 2 grammes dans les affections nerveuses. On prétend que ce suc épaissi est inflammable.

Le lait des autres espèces propres à ce pays, *Laitue cultivée* ou *des jardins*, *Scariole*, *Laitue des murs*, *Vivace*, partagent, quoique à un degré beaucoup moindre, ses propriétés délétères.

# ASCLÉPIADÉES.

Très-petite famille qui n'embrasse que quelques genres qui encore sont, pour la plupart, exotiques.

Le seul genre *Asclépiade* a des représentants en France dont l'unique espèce propre à nos pays est la suivante.

**51º Asclépiade dompte-venin :** *Asclepias vincetoxicum.*

Tige simple, droite, glàbre ou lisse, haute de 3 à 6 décimètres ; feuilles ovales-oblongues, pointues, finement ciliées ; fleurs *blanches,* en petits bouquets dont les queues ou pédoncules naissent de l'aisselle des feuilles supérieures. — Fleurit en juin-juillet.

Dans les taillis rocailleux et dans les bois montagneux ; quoique assez rare généralement, cette plante se rencontre assez fréquemment dans nos parages. On en voit sur les revers boisés de la forteresse de Montmédy, lieu dit les Grandes Roches, dans les bois d'entre Iré-les-Prés et Juvigny-sur-Loison, sur les hauteurs de Brandeville et dans bien d'autres endroits.

Des propriétés contradictoires sont attribuées à l'*Asclépiade dompte-venin.* Tandis que les uns en font un contre-poison, ainsi que son nom l'indique, que d'autres considèrent sa racine comme sudorifique et diurétique et la font entrer dans la composition du *vin diurétique de la Charité,* que d'autres praticiens encore la recommandent contre la peste et autres maladies contagieuses, quelques médecins, Haller en tête, ont contesté ses vertus et l'ont qualifiée même de suspecte. Pour être complet, nous avons cru devoir la mentionner, quoique cette dernière opinion ne soit que celle d'une minorité.

# APOCYNÉES.

Cette famille ainsi nommée du genre *Apocyn,* qui n'est pas indigène, ne renferme que peu d'espèces indigènes. Nous avons à citer la suivante :

**52º Laurier-Rose ordinaire :** *Nerium oleander.*

Arbrisseau de 1 à 2 mètres, droit, garni de feuilles

disposées trois par trois, ovales-étroites et pointues, glâbres et coriaces ; fleurs grandes, d'un *beau rose*, disposées en bouquet lâche et terminal. — Fleurit en juillet-août.

Le *Laurier-Rose* qui croît spontanément dans le midi de l'Europe et même dans notre Provence, aux environs d'Hyères, est cultivé comme plante d'ornement dans nos pays dont il ne peut supporter les hivers en plein air.

Son suc est réputé très-vénéneux ; la plante est du reste dangereuse dans toutes ses parties ; on doit en conséquence ne pas en abandonner les fleurs aux enfants qui, tentés par leurs attrayantes couleurs, pourraient être tentés de les sucer.

---

# SOLANÉES.

Voici la famille des poisons par excellence. En effet, presque tous les genres, tant indigènes qu'exotiques que compte cette grande division du règne végétal, renferment des principes plus ou moins nuisibles qui se rencontrent jusque dans les fanes et les fruits de notre pomme de terre dont les tubercules nous fournissent cependant une alimentation si précieuse et si saine.

Les Solanées sont ainsi nommées du genre *Morelle* ou *Solanum*, le plus nombreux de cette nombreuse famille. Comme genres et espèces indigènes vénéneux, nous citerons les suivants :

**53° Morelle tubéreuse:** *Solanum tuberosum.*

Noms vulgaires. — Pomme de terre, Poire de terre, Parmentière, Canada, Grombire ou Klombire.

Inutile, pensons-nous, de dresser une monographie de cette plante. Le meilleur moyen de nous faire comprendre de nos lecteurs est de leur dire tout simplement que c'est la *Pomme de terre* que nous avons l'honneur de leur présenter sous son nom scientifique.

Aux fleurs *blanches* et *violettes* de la *Pomme de terre* succèdent des baies vertes qui renferment des principes légèrement vénéneux. On a vu dans les années de disette des personnes atteintes de maladie pour en avoir consommé.

Ses noms vulgaires, *Pomme de terre* et *Poire de terre* sont dûs à la forme du fruit; celui de *Canada*, particulier aux régions voisines des Ardennes, est une réminiscence de la patrie du précieux tubercule. L'appellation de *Parmentière* lui a été donnée en l'honneur du bienfaisant propagateur en France de la *Pomme de terre* comme aliment. Enfin le nom trivial de *Grombire* ou *Klombire*, propre aux villages de ce pays, est la corruption d'un mot allemand par lequel on la désigne quelquefois. On doit donc les tenir hors de la portée des enfants. Il paraît même que la *Pomme de terre* crue contiendrait des éléments nuisibles que la cuisson seule fait disparaître. Ceci n'aurait rien de surprenant et plusieurs plantes alimentaires sont en ce cas. Pour n'en citer qu'un seul exemple, nous dirons que le tapioca qui constitue un potage si sain et si digestif est une fécule obtenue par la cuisson d'une plante d'Amérique extrêmement dangereuse, nommée *Manioc*.

### 54° **Morelle noire** : *Solanum nigrum.*

Tige herbacée, anguleuse, étalée, haute de 3 à 5 décimètres ; feuilles ovales-pointues, légèrement sinuées et un peu ciliées sur leurs bords ; fleurs *blanches*, offrant de grandes ressemblances avec celles de la *Pomme de terre*, mais beaucoup plus petites ; baies noires quand elles sont mûres et grosses comme un pois. — Fleurit tout l'été.

Elle se rencontre fréquemment le long des murs, dans les jardins et surtout aux environs des dépôts de fumier.

Cette plante est narcotique à certaines doses. Elle est employée comme anodine dans plusieurs préparations médicinales et fait partie du *Baume tranquille*. Par prudence, on ne s'en sert qu'à l'usage extérieur en lotions, fomentations, injections, cataplasmes, etc.

**55° Morelle velue :** *Solanum villosum.*

Ressemble beaucoup à la précédente et s'en distingue en ce qu'elle est velue dans toutes ses parties et que ses baies sont d'un *jaune-verdâtre*. — Fleurit en été.

Croît dans les mêmes lieux que la précédente ; mais elle est beaucoup plus rare.

Elle possède les mêmes propriétés.

**56° Morelle douce-amère :** *Solanum dulcamara.*

Noms vulgaires. — Réglisse de rivière, Douce amère.

Tige sarmenteuse, longue de 1 à 2 mètres ; grimpante sur les arbrisseaux qui l'avoisinent ; feuilles ovales en cœur, pointues, glabres ; fleurs d'un *violet foncé*, de même grandeur et de même forme que celles des espèces précédentes. Baies rouges à la maturité. — Fleurit de juin à juillet.

Croît dans les haies, le long des ruisseaux, sur les rochers humides. Commune.

Cette plante est très-appréciée des enfants sous le nom de *Réglisse de rivière*. Ce nom et celui de *Douce amère* lui viennent de ce que son bois et son écorce ont, étant mâchés, une saveur très-amère à laquelle succède, au bout de quelques instants, un goût sucré agréable. Ne vaudrait-il pas mieux l'appeler *Amère douce* que *Douce amère ?* Ce serait plus logique et plus rationnel.

Sans interdire absolument cette plante aux enfants, nous pensons qu'il serait prudent de les engager à n'en point abuser, vu sa proche parenté avec les précédentes. On l'emploie en médecine comme dépuratif contre les rhumatismes, la goutte, les maladies de peau, etc.

**57° Coqueret alkékenge :** *Physalis alkekengi.*

Noms vulgaires. — Alkékenge, Cerise en chemise.

Tige haute de 2 à 4 décimètres de hauteur, droite, anguleuse, velue et rameuse ; feuilles ovales, sinuées et pointues ; fleurs *blanchâtres*, solitaires, naissant de l'aisselle des feuilles. Après la floraison, les calices s'enflent considérablement et deviennent d'un rouge vif ; ils renferment une baie rougeâtre de la grosseur d'une cerise. — Fleurit en juin.

Croît dans les lieux secs et rocailleux. Elle ne se rencontre pas partout. On la trouve, mais en petite quantité, dans les vignes de Juvigny-sur-Loison ; elle est beaucoup plus fréquente dans les haies des vignobles de Brieulles-sur-Meuse, Petit-Cléry et probablement sur toute cette rive de la Meuse.

Ses fruits, qui sont diurétiques et rafraichissants, pourraient occasionner, s'ils étaient pris en trop grande quantité, de la pesanteur d'estomac, puis de la constipation suivie de diarrhée.

### 58° **Atropa belladone:** *Atropa belladona.*

Nom vulgaire. — Belladone.

Tige herbacée, de 6 à 10 décimètres de hauteur, droite, très-branchue et un peu velue ; feuilles ovales-pointues, non découpées, celles du bas alternant entre elles et ayant d'assez longues queues un peu cotonneuses ; celles des rameaux, disposées par paires, en sont presque dépourvues ; fleurs assez grandes, naissant à l'aisselle des feuilles ; corolles d'un *pourpre-ferrugineux*, de couleur désagréable ; baies de la grosseur d'une cerise, très-noires et très-luisantes à la maturité. — Feurit en juin-juillet.

Croît dans les bois montagneux et couverts et dans les taillis. Elle est rare en certaines contrées et ne se rencontre même plus dans le Luxembourg belge. Malheureusement elle est très fréquente dans nos pays. Elle abonde dans les bois de Montmédy, de Juvigny-sur-Loison, dans les forêts qui couvrent le sommet des côtes du canton de Damvillers, etc., en un mot à peu près dans toutes nos forêts.

Tout le monde connait au moins de nom cette plante qui, en 1867 surtout, s'est acquise un si sinistre renom dans notre département. Elle est d'autant plus dangereuse que ses fruits, qui offrent un aspect séduisant, sont de saveur douceâtre et sucrée. Aussi ne saurait-on donner trop de publicité à sa description et aux tristes accidents qu'elle occasionne.

Les baies de la *Belladone* agissent comme narcotico-âcre et stupéfiant. Elle peuvent être considérées comme le poison indigène le plus violent et le plus énergique. Ce poison réside dans un principe nommé *Atropine*. Il paraît que les chèvres et les lapins broutent impunément la *Belladone*. Le suc de cette plante dilate la pupille des chats, des chiens, des poules, etc. Cet effet se produit aussi chez l'homme.

Malgré ses propriétés dangereuses, la médecine en fait cependant un fréquent et utile emploi dans les ophtalmies, les fièvres, les spasmes, la coqueluche et bon nombre d'autres affections.

En raison des accidents causés en 1867 par cette plante, l'*Annuaire de la Meuse pour* 1868 en a donné une monographie complète et détaillée, dont nous extrayons ce qui suit :

*Des effets de la Belladone sur l'homme sain ou des symptômes de l'empoisonnement.* — Ce sont particulièrement les fruits qui occasionnent les empoisonnements, par leur ressemblance avec les guignes et leur saveur douce et sucrée. M. le docteur Gauthier de Claubry observa cet empoisonnement sur 160 soldats qui mangèrent des baies de *Belladone* dans les environs de Pirna (Saxe) ; plusieurs moururent en quelques heures, dans l'endroit même où ils mangèrent ces fruits. Ceux qui n'en avaient pris que six ou huit seulement et dont les symptômes ont pu être observés, présentèrent l'état suivant : dilatation et immobilité de la partie centrale noire de l'œil (pupille), cécité presque complète, ou du moins vision fort trouble ; œil proéminent chez les uns, languissant, hébété chez les autres, ou furieux et brutal ; bouche et lèvres arides ; sécheresse du gosier, difficulté pour avaler (dysphagie), nausées sans vomissements ; faiblesse générale, difficulté et même impossibilité de se tenir debout ; inflexion souvent répétée du tronc en avant ; mouvement continuel, involontaire des mains et des doigts, délire gai, accompagné d'un rire stupide ; aphonie ou sons d'une voix inintelligible et pénible ; pouls petit, faible et lent ; défaillance et syncope. Ces faits présentent les symptômes les plus ordinaires de l'empoisonnement par la *Belladone*.

Il y a des nausées et des vomissements, presque toujours sécheresse et chaleur du gosier, difficulté ou impossibilité d'avaler ; soif. Les symptômes les plus caractéristiques sont la dilatation et l'immobilité de la pupille et le délire gai. On peut encore observer une cécité de longue durée, des mouvements incertains et convulsifs; des urines fréquentes et involontaires, la pâleur très-prononcée de la figure et de tout le reste du corps, avec gonflement au visage, chaleur interne, grand assoupissement, léthargie ; quelquefois éruption de larges plaques rouges comme dans la scarlatine, démangeaison très-grande à la peau. A un haut degré, on constate une faiblesse excessive du système musculaire : pouls faible, petit, irrégulier; enfin asphyxie et mort. La mort est arrivée, au dire de Van Swieten, par quatre baies seulement. Il est bien des individus, dans certains pays, qui peuvent en supporter jusqu'à dix ou douze.

On pourra avoir une certitude absolue de l'empoisonnement par la *Belladone* en découvrant parmi les matières vomies les débris de baies dont nous avons donné les caractères.

*Le traitement de l'empoisonnement* par la *Belladone* consiste dans les vomitifs, s'il y a peu de temps que le poison a été pris. Les purgatifs nous semblent moins bons, car il est difficile de concevoir qu'une substance vénéneuse aussi active puisse parcourir tout le tube intestinal sans être absorbée ou digérée en grande partie. On s'accorde généralement pour regarder comme contre-poison de la *Belladone* les acides, et par conséquent les boissons acidulées, vinaigrées et la limonade. Ils pourraient cependant ne pas suffire, et nous engageons alors d'avoir recours à tous les moyens excitants : le café, le vin, l'eau-de-vie, le punch, l'éther, et le laudanum de Sidenham. Cependant, le mieux, après les premiers secours, serait de recourir à un médecin.

Une médication opposée pourrait produire des effets funestes. Roques s'est assuré que le seul usage du lait augmentait les symptômes de l'empoisonnement. Baddinger a vu un individu qui était déjà un peu rétabli de l'empoisonnement par la *Belladone*, mourir en un instant après avoir pris une forte dose d'émétique (70 centigrammes) que le malade ne vomit pas et qui dut alors agir dans le même sens que le poison, et foudroyer les forces du malade.

### 59° Nicotiane rustique : *Nicotiana rustica.*

Nom vulgaire. — Tabac.

Tige herbacée, droite, arrondie, rameuse, velue,

haute de 4 à 6 décimètres ; feuilles ovales, entières, molles et velues ; fleurs d'un *jaune-livide* en bouquets terminaux. — Fleurit en été.

Cette plante, originaire d'Amérique est cultivée dans quelques jardins où elle se ressème d'elle-même. Ce n'est pas elle qui est cultivée en France sous la surveillance du gouvernement pour la fabrication du tabac à priser et à fumer. Néanmoins M. le docteur Godron, doyen de la *Faculté des sciences de Nancy* et auteur de la *Flore de la Lorraine,* qui a bien voulu relever une erreur commise par nous dans la première édition de ce travail, nous dit que la *Nicotiane rustique* doit être cultivée en grand en Hongrie.

### 60° **Nicotiane de Virginie :** *Nicotiana tabacum.*

Nom vulgaire — Tabac.

Tige droite, cylindrique, velue, haute de 10 à 15 décimètres ; feuilles amples, ovales, terminées en fer de lance, pointues ; fleurs *roses,* en bouquets lâches et terminaux. — Fleurit de juillet à octobre.

Originaire d'Amérique. On en cultive quelquefois un ou deux pieds par curiosité. C'est avec ses feuilles que l'on fabrique les tabacs de commerce. On le cultive en grand à cet effet en Alsace, dans la Moselle, dans la Meurthe et dans quelques autres départements où cette culture a lieu sous le contrôle d'agents du gouvernement. Partout ailleurs il est interdit d'en élever plus de 3 pieds. Cette espèce fournit des produits bien plus abondants que la précédente.

Ces deux plantes renferment un principe très délétère connu sous le nom de *Nicotine* qui a été rendu tristement célèbre il y a quelques années en Belgique par l'affaire Bocarmé.

Le tabac produit parfois des cancroïdes aux lèvres chez les fumeurs qui font usage de la pipe sans tuyau, appelée vulgairement *brûle-gueule ;* chez les priseurs endurcis, on constate aussi souvent dans les fosses nasales des polypes de mauvaise nature.

### 61° **Datura stramoine :** *Datura stramonium.*

Noms vulgaires. — Endormie, Pomme épineuse, Pommette, Stramoine, Pomme du diable.

Tige haute de 6 à 10 décimètres ; très-branchue,

feuilles ovales, anguleuses et pointues ; fleurs *blanches*
et plissées, à tube très-long ; fruit en capsule arrondie de la grosseur d'une noix et hérissée de pointes
aiguës comme ceux du *Maronnier d'Inde*. — Fleurit
en juin-août.

Croît dans les lieux cultivés, sur les dépôts d'engrais, le
long des jardins à terrain sablonneux surtout. C'est une plante
très-errante, que l'on rencontre rarement là où on l'a vue
une fois. Aussi ne peut-on pas lui assigner de station précise.
Bien des fois déjà nous l'avons rencontrée, principalement
aux bords des jardins dits de la Folie, à Montmédy.

La *Stramoine* est vireuse, narcotique et très malfaisante ;
son odeur même passe pour malfaisante. On s'en sert cependant en lotions, en fomentations, en fumigations, etc. Fort
employée pour l'usage externe, elle l'est aussi quelquefois
pour l'usage interne. En certains pays, les cultivateurs en
sèment dans leurs potagers, dans la croyance qu'elle éloigne
les taupes.

### 62° Jusquiame noire : *Hyosciamus niger*.

Tige haute de 3 à 5 décimètres, rameuse et cou-
verte d'un duvet gras et épais ; feuilles ovales -
oblongues, molles, sinuées et anguleuses ; fleurs
presque sans queues, d'un *jaune-pâle* sur les bords,
sinuées de *pourpre-noirâtre* au milieu, disposées
toutes du même côté, en sorte d'épi. — Fleurit en
juin-août.

Croît dans les lieux incultes, à l'entrée des villages et près
des habitations de préférence. Comme la *Stramoine*, elle est
d'humeur vagabonde. On la voit aussi fréquemment sur les
cimetières. Nous l'avons trouvée sur les glacis des fortifications
de Montmédy, à Breux, à Martincourt et en plusieurs autres
endroits.

Cette plante est très vénéneuse. Elle a du reste une odeur
désagréable et un aspect repoussant, bien que sa fleur soit très
élégante. Elle agit comme assoupissante, stupéfiante, narcotique. Néanmoins, elle s'emploie avec avantage à l'extérieur
contre les douleurs vives, et peut être de quelque utilité
dans les cancers.

# PERSONNÉES.

Les plantes réunies sous ce titre composent un groupe très-vaste, à genres remarquables pour la plupart par la forme de leurs fleurs qui représentent un mufle d'animal ou un masque. C'est cette circonstance qui a valu à cette famille son nom de PERSONNÉES, du latin *Personna*, masque. On l'appelle aussi ANTIRRHINÉES ou SCROPHULARINÉES, des genres *Muflier* ou *Antirrhinum* et *Scrophulaire* qui en sont les plus marquants. Elle comprend de très-jolies plantes d'ornement et quelques autres dangereuses ; savoir :

**63° Digitale pourprée:** *Digitalis purpurea.*

NOM VULGAIRE. — Doigtier.

Tige haute de 8 à 13 décimètres, droite et sans ramifications, velues ; feuilles ovales terminées en forme de fer de lance, molles et un peu cotonneuses en-dessous ; fleurs très-grandes, *purpurines*, marquées à l'intérieur de points d'un *pourpre-noirâtre* entourés de blanc ; elles sont pendantes, tournées d'un seul côté et disposées en un long épi terminal. — Fleurit en juin-août.

Dans les bois montagneux à sol quartzeux et de grès. Dans notre arrondissement, on ne la rencontre que dans les bois de l'Argonne, vers Romagne-sous-Montfaucon, Gesnes et Banthéville. Mais elle pousse beaucoup plus près de Montmédy, dans les forêts de Merlanvaux, situées dans le Luxembourg belge, au nord de notre canton. Elle est du reste très-fréquente dans les cantons de Virton, d'Etalle et de Florenville qui confinent au nôtre. A cause de l'élégance de ses fleurs, elle est cultivée dans les jardins dont les mères prudentes feraient cependant bien de l'exclure comme les *Aconits*.

La *Digitale* est amère, nauséeuse et vomitive, et renferme

un principe très-actif, la *Digitaline*, dont on a beaucoup parlé à l'occasion de procès criminels assez récents ; (affaires Couty de la Pommerais de Paris et Demme de Berne). En regard de ses propriétés vénéneuses, elle est douée de qualités médicales précieuses et s'emploie beaucoup dans les affections du cœur. Ses feuilles sont anti-ulcéreuses. On la préconisait autrefois contre les scrophules et le rachitisme. Elle a aussi été vantée contre l'hydropisie.

Ses noms de *Digitale* (du latin *Digitus*, doigt) et de *Doigtier*, nom vulgaire ou *Dé à coudre*, lui viennent de la forme de ses fleurs qui ressemblent un peu à un dé aplati.

### 64° Digitale à grandes fleurs : *Digitalis grandiflora*.

Noms vulgaires. — Doigtier, Digitale blanche.

Elle ressemble comme port à la précédente, mais en diffère surtout par ses fleurs qui sont plus grandes et de couleur *blanc-jaunâtre*. — Fleurit en juin-juillet.

La *Digitale blanche*, plus jolie encore que la précédente, ne se rencontre dans nos parages qu'à l'état cultivé. Elle est indigène dans certaines parties du Grand duché de Luxembourg et de la Moselle.

Elle a les mêmes propriétés que la *Digitale pourprée*.

### 65° Digitale à petites fleurs : *Digitalis parviflora*.

Noms vulgaires. — Petite Digitale, Petit Doigtier.

Tige droite, simple, très-feuillée et lisse, haute de 3 à 5 décimètres ; feuilles oblongues, en fer de lance, pointues et lisses ; fleurs beaucoup plus petites que celles des espèces sus-décrites, mais de même forme et de couleur *jaunâtre*, également disposées en un long épi unilatéral et terminal un peu courbé au sommet. — Fleurit en juin-juillet.

Croît dans les bois montagneux et pierreux. Assez rare. On la trouve dans les bois de Montmédy, de Vigneul, sur les côtes incultes, au-dessus des vignes de Juvigny-sur-Loison, etc.

Elle doit posséder aussi les propriétés des espèces précédentes.

# THYMÉLÉES.

Petite famille appelée aussi Daphnoidées, du genre *Daphné*, ne comprenant que deux ou trois genres indigènes. L'un d'eux est vénéneux ; c'est :

**66° Daphné bois-gentil :** *Daphne mezereum.*

Noms vulgaires. — Mézéréon, Garou, Bois-gentil, Joli-bois.

Arbrisseau droit et rameux, haut de 6 à 12 décimètres ; feuilles alternes, oblongues, ovales, allongées ; fleurs sessiles ou tenant directement au rameau, *rouges*, très-odorantes ; baies ovales, d'un rouge très-vif. — Fleurit en mars-avril.

Commun dans tous les bois. C'est un joli arbuste que l'on cultive volontiers dans les jardins pour la beauté, l'excellente odeur et la précocité de ses fleurs.

Ses baies sont caustiques et très vénéneuses et ont une saveur âcre et corrosive. De plus, l'odeur de ses fleurs cause des maux de tête. L'écorce, doublé de duvet, est employée en médecine comme vésicante et rubéfiante. C'est ce que l'on nomme *Bois de Garou.*

———

# ARISTOLOCHÉES.

Cette famille comprend le genre *Aristoloche* d'où lui vient son nom, et qui avec le genre *Asarum* composent à eux seuls les représentants qu'elle a dans ce pays.

**67° Aristoloche clématite :** *Aristolochia clematitis.*

Noms vulgaires. — Sarrasine, Venin de terre.

Racines traçantes comme le chiendent, tige

droite, glabre, anguleuse, longue de 3 à 6 décimètres ; feuilles en forme de cœur, glâbres, sans
divisions, très légèrement dentées, rudes en leurs
bords ; fleurs d'un *jaune-verdâtre*, 3 à 6 ensemble à
l'aisselle des feuilles, terminées par une languette
oblongue. — Fleurit en mai-juin.

Croît dans les haies et au bord des champs. Elle infeste les
lieux où elle végète. Mais elle est rare. Nous ne l'avons encore
récoltée que dans le voisinage du cimetière de Breux.

Quoique employée quelquefois à petites doses comme vulnéraire, détersive, diurétique et excitante, nous pensons que
son odeur forte et sa saveur âcre et amère dénotent chez elles
des qualités nuisibles.

---

# EUPHORBIACÉES.

Les Euphorbiacées constituent une famille assez
étendue ainsi nommée du genre *Euphorbe* qui est très-
nombreux et dont les espèces peuplent tous les pays
et tous les sols ; elle comprend en outre les genres
*Buis* et *Mercuriale*.

**68° Euphorbe épurge** : *Euphorbia lathyris*.

Noms vulgaires. — Tithymale, Epurge.

Plante de teinte glauque ou vert d'eau à tige droite,
rameuse au sommet, haute de 8 à 10 décimètres ;
feuilles oblongues, opposées, disposées en croix sur
4 rangs ; ombelles de fleurs d'un *jaune pâle*, auxquelles succèdent de grosses capsules vertes, pleines
de suc laiteux. — Fleurit tout l'été.

L'*Epurge*, qui ne croît pas en ce pays à l'état sauvage, se
rencontre quelquefois dans les jardins où elle n'a pas été
semée.

Sa graine, qui est émétique, caustique, dépilatoire et drastique, est dangereuse à employer. Le suc laiteux qu'elle renferme est très-âcre et passe pour guérir les poireaux et verrues. Dans les campagnes, on emploie quelquefois l'*Epurge* comme purgatif; mais elle ne convient qu'aux tempéraments robustes. Ses feuilles, jetées dans l'eau, enivrent le poisson.

**69° Euphorbe cyprès** : *Euphorbia cyparissias.*

Noms vulgaires. — Cyparisse, Lait de couleuvre.

Tiges droites, glâbres, hautes de 2 à 3 décimètres, très-laiteuses quand on les brise, garnies de feuilles nombreuses, étroites et linéaires, et terminées par des ombelles de petites fleurs d'un *vert-jaunâtre*. — Fleurit en mai-juin.

Croît dans les lieux arides, sur les talus et au bord des chemins. Très-commune.

Cette plante est un poison violent. On cite des cas de mort chez des personnes qui l'ont employée en lavements en place de la *Mercuriale*. Son suc appliqué sur le visage a une action très-irritante.

Dans certains villages, les enfants s'amusent volontiers à exprimer ce suc et à le faire couler goutte à goutte sur des brins d'herbe pliés et liés de manière à former un petit triangle qu'ils ont préalablement empli de salive en le glissant entre leurs lèvres. Il en résulte un petit miroir qui reflète les diverses couleurs de l'arc-en-ciel et produit en petit des effets variés et fantastiques. C'est ce qu'ils appellent le miroir du Diable.

**70° Euphorbe péplus** : *Euphorbia peplus.*

Noms vulgaires. — Petite Esule, Esule laiteuse.

Tige rougeâtre et laiteuse, un peu rameuse, haute de 20 à 25 centimètres, se divisant au sommet en 3 rayons ou rameaux soutenus par 3 feuilles, ces rameaux eux - mêmes plusieurs fois bifurqués; feuilles éparses, arrondies; rameaux terminés par quelques fleurs *jaunâtres*. — Fleurit tout l'été.

Très-commun dans les jardins. Elle possède les propriétés délétères des précédentes.

**71° Euphorbe réveille-matin :** *Euphorbia helioscopia.*

Nom vulgaire. — Réveil-matin.

Tige droite et laiteuse, un peu velue, haute de 12 à 20 centimètres, se divisant en une ombelle de 5 rayons qui se divisent eux-mêmes en 3, puis plusieurs fois en 2 ; feuilles presque ovales ; fleurs *jaunâtres.* — Fleurit de juin à septembre.

Très-fréquent dans les jardins et lieux cultivés.

Cette plante est âcre et corrosive, surtout par son lait. Elle est employée contre les verrues comme celles qui viennent d'être mentionnées.

Ses graines donnent une huile très-purgative.

Son nom de *Réveil-Matin* lui vient de ce que si l'on se frotte les yeux après en avoir touché on éprouve pendant la nuit suivante de vives demangeaisons qui empêchent de dormir.

Il y a encore d'autres *Euphorbes* assez répandus dans nos contrées, l'*Euphorbe fluet*, l'*Euphorbe ésule*, etc., qui possèdent les mêmes propriétés que les espèces ci-dessus décrites, mais à un degré moindre. L'*Euphorbe doux* paraît seul doué d'innocuité.

**72° Mercuriale annuelle :** *Mercurialis annua.*

Noms vulgaires. — Foirolle, Chiteuse.

Tige herbacée, droite, rameuse, glâbre, haute de 2 à 3 décimètres ; feuilles ovales-lancéolées, pointues, un peu dentées ; fleurs nombreuses, *verdâtres,* ramassées en paquets en forme d'épis terminaux. — Fleurit tout l'été.

Croît dans les jardins et lieux cultivés où elle n'est que trop abondante.

Ainsi que l'indiquent les appellations triviales qu'a reçues cette plante, elle a des propriétés laxatives et purgatives. Mais on ne l'emploie qu'en lavement, car son usage interne est suspect.

**73° Mercuriale vivace** : *Mercurialis perennis.*

Tige herbacée, sans ramifications, un peu velue, haute de 12 à 20 centimètres ; feuilles assez grandes, opposées, ovales, lancéolées, un peu rudes, légèrement dentées ; fleurs *verdâtres*, disposées aux aisselles des feuilles et formant de longues grappes. — Fleurit en avril-mai.

Bois ombragés et montagneux. Fréquente dans tous ceux de ce pays.

Quoique certains auteurs aient rangé cette plante parmi les légumes d'un goût agréable, elle doit être considérée comme suspecte et même vénéneuse.

---

# AROIDÉES.

Cette famille, remarquable par ses fleurs disposées en chatons, n'est guère nombreuse. Elle tire son nom du genre *Arum* qui est le type de cet ordre.

**74° Arum tacheté** : *Arum maculatum.*

Noms vulgaires. — Gouet, Pied de veau, Poulain d'Ardenne.

Tige droite, simple, nue, haute de 20 à 25 centimètres, garnie à la base de feuilles luisantes en forme de fer de lance, entre lesquelles il naît un spadice ou cornet blanchâtre, renfermant une fleur en forme de massue charnue de couleur *pourpre* ou *jaune*. La base de cette fleur est garnie de petits boutons qui se changent en baies d'un beau rouge à la maturité. — Fleurit en avril-mai.

Abondant dans les bois et les haies.

La saveur de la floraison de l'*Arum* étant très-amère, les enfants s'amusent à mystifier leurs camarades inexpérimentés en

leur faisant sucer cette floraison qui a un aspect assez séduisant.
C'est une distraction qui pourrait avoir des effets désastreux,
cette plante étant vénéneuse dans toutes ses parties. Le docteur Bulliard cite, dans ses ouvrages, trois cas d'empoisonnement chez des enfants qui avaient mangé des feuilles d'*Arum*
dans la forêt d'Arc.

On se sert quelquefois de l'*Arum* contre les engorgements
froids des viscères ; sa racine est de plus très-purgative, ex-
pectorante et résolutive et bonne contre certaines maladies
de la poitrine. On peut même en tirer une fécule nutritive, vu
sa nature farineuse et amilacée. Comme cette racine perd, en
séchant, ses propriétés dangereuses, on la préfère dans cet
état pour l'employer en médecine. En certains pays, on s'en
sert pour le blanchissement du linge. Le nom de *Poulain
d'Ardenne* donné à l'*Arum* est particulier, croyons-nous,
aux environs immédiats de Montmédy.

---

# URTICÉES.

Les Urticées forment une famille représentée dans
nos contrées par les genres *Ortie* ou *Urtica,* qui lui
a donné son nom, *Pariétaire, Houblon* et quelques
autres. Comme espèces à propriétés nuisibles, on cite
la suivante :

**75° Chanvre cultivé :** *Cannabis sativa.*

Tige droite, ordinairement sans ramifications, un
peu velue, haute de 10 à 15 décimètres ; feuilles
digitées en 5 ou 7 folioles, lancéolées, étroites, pointues, dentées ; fleurs *verdâtres*, en grappes terminales. — Fleurit en juin-juillet.

Le *Chanvre,* que tout le monde connaît, comprend des
individus *mâles* et des individus *femelles* qui, par interversion,
sont appelés dans nos campagnes en raison inverse des propriétés de leurs fleurs. En effet, la tige stérile qui mûrit la
première est vulgairement appelée *femelle,* tandis que c'est la

tige qui porte graine que l'on désigne sous le nom de *mâle*.

Cultivé en grand, le *Chanvre* fournit une matière textile très-précieuse et des graines qui fournissent une excellente huile à brûler. Tout ce qu'on peut lui reprocher, c'est son odeur forte et enivrante et les principes malfaisants qui s'en dégagent à l'époque du rouissage dans l'eau.

Si notre travail s'étendait aux plantes simplement importunes, il serait à propos de placer ici les deux *Orties* que possède notre pays, l'*Ortie brûlante* et l'*Ortie dioïque*, dont les piqûres, quoique cuisantes, n'offrent aucun danger. Le meilleur moyen de se débarrasser de la sensation désagréable que causent ces piqûres, consiste à y appliquer des substances acides, de l'oseille froissée par exemple.

---

# CONIFÈRES.

Sous ce nom, on désigne tous les végétaux à feuilles persistantes et résineux connus sous le nom d'arbres verts, tels que les *Sapins, Pins, Mélèzes, Génévriers,* etc. Ce nom de CONIFÈRES lui vient de la forme des fruits disposés ordinairement en *cônes* ou *strobiles*.

**76° If commun :** *Taxus baccata.*

Arbre droit, très-branchu, de 5 à 6 mètres de hauteur; feuilles linéaires, pointues, planes et luisantes; fleurs en petits chatons, naissant aux aisselles des feuilles; il leur succède des fruits rouges, ovales, en forme de baies, ouverts au sommet de manière à laisser voir le noyau. — Fleurit en avril.

L'*If* est un arbre vert que l'on cultive dans quelques parcs et jardins et auquel on donne toutes sortes de formes à l'aide du ciseau.

Les fruits et le suc de cet arbre sont vénéneux; on cite plusieurs cas d'empoisonnement chez des chevaux qui en

avaient mangé. L'*If* agirait comme narcotique et produirait
de l'ivresse : C'est à l'aide de son suc que les Gaulois, d'après
Strabon, empoisonnaient leurs flèches.

---

# ALISMACÉES.

Petite famille composée de quelques végétaux
aquatiques nageants, représentés dans ce pays par
les deux genres *Fluteau* ou *Alisma* (qui lui a donné
son nom) et *Sagittaire*. On cite dans ce groupe comme
espèce malfaisante, le suivante :

**77° Alisma plantago** : *Fluteau plantain.*

Noms vulgaires. — Plantain d'ean, Foin de crapaud.

Tige droite, nue, arrondie, haute de 3 à 8 décimètres, se divisant au sommet en verticilles ou
rameaux partant plusieurs circulairement du même
point et divisés eux-mèmes d'une manière semblable ;
feuilles naissant toutes de la racine, à longues queues
ou pétioles, ovales et échancrées en cœur à la base,
lisses et à sommet pointu ; fleurs nombreuses, *rougeâtres*, disposées en une espèce de panicule droite,
fort grande et étalée. — Fleurit en juillet-septembre.

Croît abondamment dans les eaux stagnantes, les marais et
au bord des cours d'eau.

Cette plante passe pour âcre et nuisible aux bestiaux.

---

# IRIDÉES.

Ce groupe réunit des végétaux remarquables par
leur souche bulbeuse ou rhizomateuse, c'est-à-dire

charnue, noueuse et allongée horizontalement à la surface du sol. Il comprend entre autres genres, les *Iris* (qui lui ont donné son nom), les *Glaïeuls,* les *Safrans,* etc. On y désigne, comme espèce suspecte, celle qui suit :

### 78° Iris germanique : *Iris germanica.*

Noms vulgaires. — Flambe, Flamme, Glas.

Tige droite, un peu rameuse, feuillée, arrondie, haute de 6 décimètres environ ; feuilles en forme d'épée, larges, s'emboîtant l'une dans l'autre à la base ; fleurs très-grandes, au nombre de 3 à 5 sur chaque tige, d'un *pourpre-violet* ou *bleu foncé,* garnies à la base d'un spathe ou espèce de cornet sec et membraneux. — Fleurit en mai.

Cultivée dans les jardins et se propage quelquefois au dehors. Néanmoins elle est indigène sur quelques points de la France.

La racine de cette plante est âcre, caustique, émétique, purgative et par conséquent dangereuse ; étant sèche, elle perd en partie ces principes et devient alors incisive et apéritive. On l'emploie dans l'hydropisie. Cette même racine possède une agréable odeur de violette dont on tire parti pour parfumer le linge dans les lessives. Les fleurs fraîches de l'*Iris,* étant macérées, putréfiées et mêlées à de la chaux, donnent un résidu extractif d'un beau vert dont on se sert en peinture, pour la miniature.

---

# ASPARAGÉES.

Cette famille, quelquefois appelée Smilacées et voisine de la précédente, embrasse quelques genres de plantes dont l'*Asperge* ou *Asparagus,* qui lui a donné son nom, offre le spécimen le plus régulier.

**79" Muguet de mai :** *Convallaria majalis.*

D'une souche traçante et souterraine naît une tige formée de deux belles feuilles lisses, ovales-oblongues, pointues, d'où sortent des grappes de jolies petites fleurs *blanches*, odorantes, en forme de grelots ; à ces fleurs succèdent des baies rouges, grosses comme celles de l'*Asperge*. — Fleurit en mai.

Commun dans tous les bois montagneux.

Tous nos lecteurs connaissent cette charmante plante dont l'odeur est si suave. Les récoltes que font du *Muguet* les amateurs de promenades sous bois sont cause que très-rarement le fruit parvient à sa maturité. Les fruits du *Muguet de mai* agissent comme vomitif et purgatif violent. De plus, son odeur concentrée est nuisible.

**80° Muguet polygoné :** *Convallaria polygonatum.*

Nom vulgaire. — Sceau de Salomon.

Une souche souterraine produit une tige simple et courbée, haute de 3 à 4 décimètres, lisse, anguleuse, à 2 tranchants, recourbée en arc, garnie vers le haut de feuilles ovales-oblongues, embrassantes, lisses ; 4 à 6 fleurs cylindriques gonflées, *blanches*, pendantes, naissent de l'aisselle des feuilles ; elles laissent après elles des baies violettes. — Fleurit en mai.

Dans les mêmes bois montagneux que le *Muguet de mai*. Il est cependant moins commun.

Sa racine passe pour un vomitif très-violent.

**81° Muguet multiflore :** *Convallaria multiflora.*

Nom vulgaire. — Grand sceau de Salomon.

Il ressemble beaucoup au précédent, mais est plus grand dans toutes ses parties, tandis qu'au contraire, ses fleurs sont plus grêles et disposées par trois ou quatre ensemble. — Fleurit en mai-juin.

Croît dans les mêmes lieux et a les mêmes propriétés que le précédent.

**82º Mayanthème à deux feuilles** : *Mayanthemum bifolium.*

Une racine traçante et fibreuse comme celle du *Muguet* émet une petite tige de 6 à 9 centimètres et garnie de deux feuilles en forme de cœur et très-pointues ; fleurs *blanches*, petites, disposées en une sorte d'épi terminal. — Fleurit en mai-juin.

Dans les bois montagneux à sol sablonneux. Il est très-rare. Néanmoins on peut le trouver dans ceux de Breux, Saint-Valfroid et dans les restes de l'ancienne forêt d'Argonne, canton de Montfaucon. Il est bien plus fréquent dans les forêts sablonneuses du Luxembourg belge. Le *Mayanthème* comme le *Muguet de mai*, mériterait d'être cultivé à cause de l'élégance de ses fleurs.

Cette plante doit avoir quelques-unes des propriétés des *Muguets* dont elle est proche parente.

**83º Parisette à quatre feuilles :** *Paris quadrifolia.*

Noms vulgaires. — Raisin de renard, Quatre-Feuille Herbe à Paris.

Tige très-simple, haute de 2 à 3 décimètres, garnie de 4 feuilles ovales-arrondies, pointues, disposées en croix et s'étendant horizontalement ; du milieu de ces quatre feuilles, naît une seule fleur *verte*, à divisions allongées, pointues, en forme de cils ; cette fleur laisse après elle une baie noire-bleuâtre de la grosseur d'une cerise. — Fleurit en mai.

Croît dans les bois ombragés. Elle n'est pas rare dans toutes nos forêts.

On dit cette plante narcotique. Sa racine agit comme purgatif et émétique, son fruit est vénéneux. Toute la plante passe pour céphalique, résolutive, anodine et s'emploie quelquefois contre la coqueluche. A Kalouga (Russie) on préconise ses feuilles recueillies avant la maturité comme spécifique contre la rage.

# DIOSCORÉES.

Toute petite famille qui ne comprend que quelques genres, dont un seul est propre à nos parages; savoir :

**84° Tamus commun :** *Tamus communis.*

Noms vulgaires. — Sceau de Notre-Dame, Sceau de la Vierge, Herbe aux femmes battues.

Tige simple, grêle, longue de 2 à 3 mètres et s'enroulant autour des broussailles et des rameaux de taillis; feuilles élégantes, en forme de cœur, pointues et très-luisantes; fleurs de couleur *verdâtre*, disposées en grappes lâches; il leur succède des baies ovales, rouges à la maturité. — Fleurit en juin-juillet.

Croît dans les bois et les buissons. Presque inconnue au nord de Montmédy, c'est-à-dire dans les provinces de la Belgique, elle est fréquente dans tous les bois de notre arrondissement.

Nous tenons ses baies en défiance comme celles, du reste, de presque toutes les plantes non reconnues comestibles et alimentaires. Elles purgent comme celles de la *Bryone;* on ne s'en sert pas en médecine.

# COLCHICACÉES.

Cette famille, très-peu étendue, n'a dans ce pays qu'un seul représentant qui est le genre *Colchique*, d'où lui est venu son nom.

**85° Colchique d'automne :** *Colchicum autumnale.*

Noms vulgaires. — Safran des prés, Tue-Chien, Veilleuse, Vachette.

Plante bulbeuse qui donne en automne de grandes

fleurs d'un *lilas-pâle,* naissant directement du sol et hautes de 10 à 15 centimètres. Les feuilles, grandes et lancéolées, au nombre de trois ou quatre, ne paraissent qu'au printemps suivant et portent des capsules vertes pleines de graines blanches d'abord, puis noires ensuite. — Fleurit en août-septembre.

Commune dans tous les prés.

On l'appelle *Veilleuse* parce que son épanouissement annonce la décroissance des jours et l'époque où les soirées deviennent longues. Son nom de *Vachette* est propre à ce pays-ci.

La bulbe et les semences de cette plante sont très-dangereuses et elle a déjà causé dans nos environs presque autant d'empoisonnements mortels que la *Belladone.* L'émétique et les adoucissants en sont le meilleur contrepoison. La *Colchique* nuit en outre aux prairies. Il est vrai qu'elle est employée comme diurétique, et surtout comme spécifique contre la goutte. Certains praticiens en ont préparé un oximel préconisé contre l'hydropisie, mais il ne faut en user qu'avec beaucoup de circonspection. Quand la racine de *Colchique* est privée de son suc, elle peut fournir une fécule amilacée très-nourrissante ainsi qu'on peut le faire de beaucoup d'autres racines bulbeuses ou tubéreuses.

# GRAMINÉES.

Cette modeste et utile famille, l'une des plus nombreuses du règne végétal, comprend toutes les herbes ou gazons qui donnent le foin de nos prairies ainsi que toutes les plantes – céréales qui nourrissent l'homme et les animaux domestiques, telles que : le *Blé,* le *Seigle,* l'*Orge,* l'*Avoine,* le *Riz,* etc. Elle renferme néanmoins quelques espèces nuisibles, qui sont :

### 86° **Avoine follette :** *Avena fatua.*

NOMS VULGAIRES. — Averon, Folle avoine.

Cette plante, qui ressemble beaucoup à l'avoine cultivée, a une tige droite, arrondie, haute de 6 à 9 décimètres; feuilles planes, rudes, larges de 7 millimètres ; panicule de fleurs *verdâtres,* presque unilatérale, droite, mais penchée au sommet. — Fleurit en juillet- août.

Croit dans les moissons qu'elle infeste et d'où on ne peut l'extirper, car elle se ressème d'elle-même sur place.

Ses graines mélangées à celles du blé donnent une mauvaise qualité au pain.

### 87° **Ivraie enivrante** : *Lolium temulentum.*

Tige droite, forte, lisse, haute de 6 à 10 décimètres, garnie de feuilles longues, rudes et larges de 7 millimètres ; épi long de 2 à 3 décimètres, formé d'épillets *verts,* alternant entre eux, d'un côté à l'autre. — Fleurit en juillet.

Croit dans les moissons, surtout d'orge et d'avoine et est malheureusement trop commune.

Cette plante ressemble beaucoup aux autres ivraies qui constituent, sous le nom anglais de *Ray-grass,* un des meilleurs fourrages connus ; mais elle est plus vigoureuse dans toutes ses parties.

Ses graines ont une saveur âcre et un principe vénéneux qui produit des vertiges, des nausées, des vomissements, des tremblements et une sorte d'ivresse chez ceux qui font usage du pain où elle est mélangée en quantités considérables. Ce sont ces fatales propriétés qui lui ont valu son nom spécifique.

C'est cette ivraie qui fait le sujet d'une des paraboles de l'Evangile, connue sous le nom de Parabole de l'ivraie et du bon grain. Les propriétés toxiques de cette graminée étaient déjà connues des anciens, puisque Virgile l'a qualifié d'*Infelix Lolium* ou *Ivraie fatale et funeste.*

———

Avant de terminer ce travail et de prendre congé

de nos lecteurs, nous citerons, mais seulement comme mémoire, pour clore cette liste des végétaux dangereux, les *Champignons* dont quelques espèces sont comestibles, mais dont la plupart sont de terribles poisons.

A ce sujet, nous ne pouvons que renvoyer aux ouvrages spéciaux, en répétant ce qui a déjà été dit et redit tant de fois: qu'il ne faut user des champignons que lorsqu'on a assez d'expérience pour savoir discerner d'une manière sûre les espèces alimentaires de celles qui sont dangereuses.

FIN.

# VOCABULAIRE

DES

## PRINCIPAUX TERMES MÉDICAUX

USITÉS POUR DÉSIGNER LES PROPRIÉTÉS
DES PLANTES.

**Acérbe :** La *saveur acerbe* est celle qui produit sur l'organe du goût une certaine astriction mêlée d'amertume et d'acidité (*Oseille, Pommes sauvages, Poires sauvages, Surelle,* etc.)

**Acre :** On appelle *saveur âcre* une saveur particulière qui se fait sentir au fond de la gorge où elle excite des picotements désagréables joints à de l'astriction. Parmi les végétaux âcres, beaucoup sont dangereux (*Aconits* et autres Renonculacées, *Euphorbes,* etc.) ; d'autres sont précieux comme médicaments contre certaines affections (*Pyrèthre, Raifort,* etc.)

**Adoucissant :** Même signification que Calmant, (voir ci-après.)

**Amer :** Qui a une saveur rude et désagréable plus facile à comprendre qu'à dépeindre. Les *amers* sont très-employés en médecine contre différentes affections. Les plantes amères rentrent dans la classe des Toniques, (*Chicorée, Pissenlit, Trèfle d'eau, Houblon, Gentiane,* etc.)

**Analeptique :** Qui rend les forces. Les plantes de ce

nom appartiennent à la catégorie des Toniques.

ANODIN : Qui calme ou fait cesser les douleurs. Les espèces *anodines* sont employées avec succès contre diverses affections inflammatoires, névralgies, etc. (*Coquelicot, Primevère, Guimauve, Alkékenge,* etc.)

ANTIDYSSENTERIQUE : Nom donné aux remèdes qui s'emploient contre la dyssenterie (*Potentille rampante, Pulicaire, Iris jaune,* etc.)

ANTIHELMINTIQUE : Qui détruit les helminthes ou vers dans l'intérieur du corps. (Voir VERMIFUGE.)

ANTIHÉMORRHOIDAL : Que l'on emploie contre les hémorrhoïdes (*Ficaire, Peuplier,* etc.)

ANTIHYSTÉRIQUE : Qui convient contre l'hystérie ou maladies de nerfs, vapeurs, etc. (*Armoise, Népéta, Fraxinelle, Valériane,* etc.)

ANTISCORBUTIQUE : Qui sert contre le scorbut (*Cresson, Raifort, Cochléaria* et en général toutes les plantes de la famille des CRUCIFÈRES.)

ANTISEPTIQUE : Qui prévient ou détruit la putréfaction (*Sabine, Armoise maritime,* etc.)

ANTISPASMODIQUE : Qui combat les spasmes ou contractions musculaires (*Sauge, Mélisse, Menthes, Tilleul,* etc.)

ANTIULCÉREUX : Qui est préconisé contre les ulcères. (*Lierre, Sauge orvale, Lierre terrestre,* etc.)

APÉRITIF : Qui ouvre le passage dans les voies biliaires, digestives et autres. Il y a les *apéritifs majeurs* (*Ache, Fenouil, Asperge, Persil,* etc.) et les *apéritifs mineurs* (*Chiendent, Ononis, Fraisier,* etc.)

AROMATIQUE : Qui a une odeur agréable et pénétrante. Les espèces *aromatiques* servent comme *excitantes* et *antispasmodiques* (*Lavande, Mélisse, Serpolet, Hysope* et en général toutes les plantes de la familles des LABIÉES.)

Assoupissant : Qui a la propriété de faire naître le sommeil ou l'assoupissement. Les *assoupissants* s'emploient contre les maladies nerveuses et autres affections qui ont pour conséquences des souffrances physiques. Ils agissent à la manière des *calmants*, mais sont plus énergiques (*Cynoglosse, Jusquiame, Stramoine*, etc.)

Astringent : On désigne sous ce nom des médicaments qui déterminent des crispations salutaires sur différents organes et ont ainsi pour effet d'arrêter, par la contraction, certaines évacuations telles que la diarrhée, l'hémorrhagie, etc. *(Bistorte, Tormentille, Myrtille, Grande Consoude, Centinode, Benoîte*, etc.)

Béchique : Qui convient contre la toux (*Mauves, Guimauve, Pas-d'âne, Coquelicot*, etc.)

Calmant ou Adoucissant : Qui calme, adoucit, amoindrit, atténue la souffrance. Cette expression est à peu près synonyme de celle d'Anodin sus-mentionnée (*Bourrache*, etc.)

Cardiaque : Qui a une action sur les affections du cœur (*Digitale, Agripaume*, etc.) Cette expression est souvent prise dans le sens de Cordial.

Carminatif : Nom donné aux plantes qui ont la propriété d'expulser les vents ou flatuosités. Elles forment une section de la classe plus générale des toniques (*Anis, Fenouil, Coriandre, Mélisse*, etc.)

Cathartique : Synonyme de Purgatif. Cette expression indique les *purgatifs* dont l'effet n'est ni trop violent ni trop faible.

Caustique : Qui brûle et désorganise les tissus cutanés ou de la peau (*Chélidoine, Renoncule scélérate, Epurge, Daphné*, etc.)

Céphalique : Qui a rapport à la tête. On appelle *plantes céphaliques* celles qui sont préconisées contre les migraines et autres maux dont la tête est le siége. (*Nielle, Romarin, Jasmin, Parisette,* etc.)

Consolidant : Qui raffermit les lèvres des blessures, les tissus contusionnés, etc. (*Orpin, Salicaire,* etc. )

Cordial ou Réconfortant : Qui a la propriété d'augmenter rapidement la chaleur et l'action du cœur. Les remèdes cordiaux sont très-employés contre les faiblesses produites par l'inanition et autres causes de ce genre (*Romarin, Sauge, Mélisse, Thym,* etc.)

Corrosif ou Corrodant : Qui ronge et détruit ou désorganise les parties vivantes. Cette double qualification a à peu près le même sens que celle de Caustique qui, néanmoins indique une action plus énergique. Les principes corrosifs sont nuisibles (*Pulsatille, Daphné, Euphorbes,* etc.)

Délétère : Expression générale qui s'applique à toute plante ou substance vénéneuse, nuisible ou dangereuse.

Dépilatoire : Qui amène la chute des poils et des cheveux (*Renoncule scélérate, Epurge,* etc.)

Désobstructif : Synonyme d'Apéritif. (Voir plus haut.)

Détersif : Qui est propre à nettoyer les plaies et les ulcères (*Pimprenelle, Aristoloche, Mâche doucette, Verveine,* etc.)

Diaphorétique : Qui favorise la transpiration. C'est un diminutif de Sudorifique ci-après (*Aconit, Coquelicot, Pivoine, Groseiller noir,* etc.)

Digestif : Qui facilite la digestion ou assimilation des aliments. Les *digestifs* font partie de la classe des Toniques. (*Carvi, Anis,* etc.)

Diurétique : Qui provoque ou augmente la secrétion des urines. La botanique offre de précieuses ressources en médicaments diurétiques *(Asperge, Chiendent, Fraisier, Guimauve, Digitale, etc.)*

DRASTIQUE : Qui purge énergiquement. Les *drastiques* sont une subdivision de la classe des PURGATIFS. Ce sont ceux qui possèdent à un plus haut degré la propriété de nettoyer les voies digestives. Ils demandent généralement beaucoup de prudence chez ceux qui les emploient *(Bryone, Nerprun, Gratiole, Ellébore, etc.)*

EMÉTIQUE : Qui fait vomir. (Voir plus loin au terme VOMITIF.)

EMOLLIENT : Qui a la propriété de relâcher, de détendre et de ramollir les parties enflammées et par cela même devenues dures. Les *espèces émollientes* sont exclusivement fournies par les plantes *(Mauve, Guimauve, Bouillon blanc, Séneçon, Lin, Pariétaire, etc.)*

EMULSIF : On appelle *semences émulsives* celles qui fournissent de l'huile par expression et qui servent à la composition des préparations blanches et laiteuses connues sous le nom d'*émulsions* (*Grémil officinal, Amandes, Cornouilles,* etc.)

EXCITANT ; Qui stimule les tissus organiques et accélère leur action et leur mouvement *(Aristoloche, Tabac, etc.)*

EXPECTORANT : Qui facilite et provoque l'expulsion des matières glaireuses contenues dans les *bronches* (*Vélar, Réglisse,* etc.)

FÉTIDE : Qui a une odeur puante et désagréable (*Ballote, Stachys des bois, Ellébore, Cynoglosse,* etc.)

FÉBRIFUGE : Qui chasse la fièvre, qui en coupe les accès. Le *fébrifuge* par excellence est le *Quinquina,* écorce d'un arbre d'Amérique. Il a plusieurs succédanés précieux dans la Flore de nos pays (*Houx, Arnica, Bénoîte, Petite Centaurée, Gentiane, Petit Chêne, etc.)*

Fondant : Voir Résolutif.

Fortifiant : Qui rend la vigueur à certains organes. Même acception à peu près que celle de Cordial (*Sauge*, etc.)

Hépatique : Qui a rapport au foie ; on appelait autrefois *remèdes hépatiques* des médicaments que l'on croyait propres à guérir les affections de cet organe (*Hépatique, Eupatoire, Polypode*, etc.)

Hydragogue : Qui est propre à faire écouler les amas de sérosités épanchées dans les tissus organiques, tels qu'il s'en produit dans l'hydropisie et autres maladies de même nature. Beaucoup de plantes sont vantées comme *hydragogues* (*Reine des prés, Asperge, Genièvre, Iris germanique*, etc.)

Incisif : *Médicaments incisifs :* Se disait de remèdes supposés capables de diviser les humeurs que l'on croyait épaissies et qui paraissaient ainsi s'opposer à la libre circulation des fluides dans le corps humain. Ces médicaments, qui sont peu usités de nos jours et que l'on a placés entre les Résolutifs et les Toniques, comprennent quelques espèces végétales (*Hysope, Rapette, Livèche, Fumeterre*, etc.)

Inflammatoire : Se dit des substances qui font naître sur certaines parties du corps du gonflement, de la tension douloureuse, de la chaleur et de la rougeur comme cela a lieu dans l'abcès, le panaris, le furoncle, etc. Quelques plantes ont cette propriété (*Renoncule flammule*, etc.)

Irritant : Qui agite et surexcite certains organes (*Euphorbes*, etc.)

Laxatif : Qui relâche ou qui purge légérement et sans irritation (*Mercuriale, Chicorée, Violette, Amandier*, etc.)

LÉNITIF: Qui atténue et adoucit les souffrances: Même acception à peu près que le terme CALMANT. Cette expression est prise quelquefois, mais à tort, comme synonyme de LAXATIF. Elle est surtout employée dans l'expression d'*Electuaire lénitif*. Quelques plantes sont considérées comme *lénitives* (*Polypode*, *Réglisse*, *Scolopendre*, etc.)

MATURATIF: Qui accélère la maturité des tumeurs, abcès, furoncles, panaris, etc. et en attire au dehors le pus et le germe (*Mauves*, *Ognon*, *Lis*, *Séneçon*, etc.)

MUCILAGINEUX : Qui contient du *mucilage*. On appelle de ce nom une substance végétale qui se prend en gelée au contact de l'alcool et qui a plus ou moins l'apparence de la gomme. Les *mucilagineux* sont *émollients*. Ils sont fournis par diverses espèces indigènes bien connues (*Guimauve*, *Consoude*, *Lin*, etc.)

MONDIFICATIF : Qui purifie les humeurs. Même signification à peu près que l'expression INCISIF (*Orme*, etc.)

NARCOTIQUE : Qui a la propriété d'assoupir ou d'endormir. Les NARCOTIQUES sont plus énergiques que les assoupissants et en diffèrent surtout en ce qu'ils agissent principalement sur le cerveau. Ils se divisent en NARCOTIQUES ACRES, SÉDATIFS, CALMANTS, ANODINS, etc. Les plantes nombreuses qui appartiennent à cette catégorie sont souvent employées en médecine, bien que la plupart d'entre elles soient très-vénéneuses (*Jusquiame*, *Belladone* et autres SOLANÉES, *Pavot*, *Aconit*, etc.)

NAUSÉABOND ou NAUSÉEUX. Ces deux expressions qui ont à peu près le même sens s'appliquent aux substances qui déterminent des envies de vomir et des hoquets. Un certain nombre de végétaux ont une odeur ou des principes *nauséeux* (*Ellébore*, *Grande Ciguë*, *Asarum*, *Sabine*, etc.)

OFFICINAL : Terme général consacré à désigner toute plante employée en médecine pour quelque usage que ce soit. L'officine était autrefois le nom du laboratoire des droguistes ou apothicaires.

OPHTHALMIQUE : Qui concerne les maladies d'yeux. Les remèdes *ophtalmiques* portent ordinairement le nom de *Collyres*. Quelques plantes entrent dans la composition de ces remèdes (*Lis, Bleuet, Eupatoire, Belladone,* etc.)

PECTORAL : Qui sert à combattre les affections des poumons et autres organes respiratoires. Il y a les *espèces pectorales,* les *quatre fleurs pectorales,* les *quatre fruits pectoraux,* etc. Les *espèces pectorales* sont un mélange des principales fleurs classées comme telles. Les végétaux fournissent une grande quantité d'excellents remèdes pectoraux (*Hysope, Lierre terrestre, Véronique, Pulmonaire, Coquelicot, Violette, Gnaphalium, Bouillon blanc,* etc.)

PURGATIF : Qui détermine des évacuations du bas-ventre. Il y a des PURGATIFS LAXATIFS, CATHARTIQUES et DRASTIQUES, ainsi classés selon l'énergie plus ou moins grande de leur action qui doit être proportionnée à la gravité de l'affection que l'on veut combattre. Beaucoup de plantes sont rangées comme *purgatives* (*Pigamon jaune, Gratiole, Nerprun,* etc.)

RAFRAICHISSANT : Qui apaise la soif et abaisse la température du corps surexcitée par quelque échauffement ou autre cause morbifique (*Guimauve, Chiendent, Chicorée, Aigremoine,* etc.)

RÉCONFORTANT : Voir plus haut CORDIAL.

RÉSOLUTIF : Qui a la vertu de faire fondre ou de dissoudre les engorgements. Ils sont pris dans la classe des ÉMOLLIENTS ou dans celle des TONIQUES, selon les cas (*Ciguë, Gaillet blanc, Pédiculaire, Surcau,* etc.)

Rubéfiant : Qui produit sur la peau une rougeur due à une congestion passagère et factice causée par l'application de certaines substances. Les *rubéfiants* sont d'un emploi assez fréquent en médecine (*Moutarde, Renoncule âcre, Bryone, Daphné,* etc.)

Sédatif : Qui apaisse l'inflammation ou modère l'action d'un organe quand cette action n'est plus dans ses conditions normales. Il y a des *sédatifs* pour le système nerveux, pour les palpitations du cœur, etc. Les plantes comptent quelques *sédatifs* efficaces (*Safran, Digitale,* etc.)

Sternutatoire : Qui fait éternuer. De nombreuses espèces de plantes sont en ce cas et sont souvent employées en médecine à cet effet (*Muguet, Achillée, Tabac, Bétoine, Marjolaine,* etc.)

Stimulant : On appelle de ce nom les médicaments qui ont le pouvoir d'exciter et de ranimer certains organes du corps humain (*Cumin, Carvi* et autres Ombellifères, les principales variétés de Labiées odoriférantes, etc.)

Stomachique : Qui est bon pour rendre des forces à l'estomac ou pour entretenir sa vigueur en bon état (*Sarriette, Ményanthe, Roses, Coings,* etc.)

Stupéfiant : Qui produit l'engourdissement général ou partiel et amoindrit l'activité de l'intelligence. Cet effet se produit surtout à la suite de l'absorption des Narcotiques ( *Jusquiame, Pavot, Morelle,* etc.)

Styptique : Même signification que Astringent ; (voir ci-dessus.)

Sudorifique : Qui provoque la sueur. Les *Sudorifiques* agissent plus vigoureusement que les Diaphorétiques dont il a été parlé plus haut et qui ne s'emploient que dans des affections légères. Certaines plantes sont des sudorifiques précieux (*Bardane, Sureau, Bourrache, Cardère,* etc.)

Tonique : Qualification un peu générale donnée aux remèdes qui ont la faculté d'exciter progressivement l'action de divers organes et d'entretenir leurs forces. Une foule de végétaux ont des propriétés *toniques* (*Arnica, Matricaire, Aunée, Tanaisie, Reine-des-Bois, Patience,* etc.)

Vermifuge : Qui fait périr et expulse de l'intérieur du corps les helminthes et autres vers intestinaux. Les *vermifuges* sont principalement choisis parmi les Amers et les Purgatifs. (*Fougère mâle, Raifort, Rhubarbe,* etc.)

Vésicant : Qui détermine sur la peau des ampoules ou cloches. Les *vésicants* sont plus énergiques que les Rubéfiants qui ne causent que des rougeurs et une irritation très-passagère. Un assez bon nombre de plantes sont vésicantes (*Caltha, Clématite, Renoncule scélérate,* etc.)

Vireux : Expression assez vague qui s'applique aux espèces végétales douées de propriétés malfaisantes. Elle est plus spécialement réservée pour celles qui ont une saveur nauséabonde particulière (*Laitue vireuse, Cicutaire, Stramoine,* etc.)

Vomitif : Qui détermine le vomissement. On se sert aussi de l'expression Emétique pour désigner les substances douées de cette propriété. Les *vomitifs* les plus employés par la médecine appartiennent à la minéralogie et à la chimie. Néanmoins, quelques plantes sont aussi douées de cette propriété et usitées comme telles en certains cas (*Fusain, Epurge, Gratiole, Lierre,* etc.)

Vulnéraire : Qui convient à la guérison des plaies,

blessures et coupures. Une grande quantité de plantes sont classées dans cet ordre. Le *vulnéraire* le plus commun est celui qui porte les noms de *Vulnéraire suisse*, de *Thé de Suisse* ou de *Faltrank* qui se compose d'espèces végétales très-variées (*Arnica, Millefeuille, Anthyllide, Valériane, Primevère, Pyrole, Millepertuis,* etc.)

## ERRATA.

—

Page 24 21e ligne : au lieu de *Ranonculus* lisez *Ranunculus*.
Page 25 1re ligne :     id.      id.
Page 26 4e ligne :  —  *centimètres* lisez *décimètres*.
—  7e ligne :  —  *ses feuilles* lisez *ces feuilles*.
—  11e ligne :  —  *des Ardennes* l. *et des Ardennes*.
Page 30 26e ligne :  —  *les rivières* lisez *la rivière*.
Page 31 4e ligne : après *Bat-beurre*, ajoutez *ou Tinette*.
Page 54 26e ligne : au lieu de *partagent* lisez *partage*.
Page 59 26e ligne :  —  *feuril* lisez *fleurit*.
Page 66 17e ligne :  —  *doublé* lisez *doublée*.

# TABLE ALPHABÉTIQUE
## DES NOMS DE PLANTES CITÉES.

Les noms de genres sont en PETITES CAPITALES.

Les noms latins sont en *italique*.

Les noms français et appellations vulgaires sont en romain.